高等职业院校精品教材系列

高频电子技术实验及课程设计

主　编　陈宗梅　张海燕

副主编　张林生

電子工業出版社·

Publishing House of Electronics Industry

北京·BEIJING

内 容 简 介

本书按照教育部新的教学改革要求及高等职业院校的相关专业教学方案进行编写，为《高频电子技术》的配套教材。本书内容分 3 章：第 1 章为高频电子技术实验基础，主要介绍本课程实验的目的，以及示波器、高频电子技术实验箱、信号发生器的使用等；第 2 章为高频电子技术实验，结合高频电子技术实验箱，详细介绍与课程相关的 14 个高频电子技术实验，也可以通过元器件在实验台或实验板上搭接来完成；第 3 章为高频电子技术课程设计，讲解 5 个综合性实验课题，详细分析各课题项目的设计思路和方法，同时给出参考电路，帮助学生掌握电路设计的基本技能和制作工艺，同时启迪学生的科技创新思维。

本书内容实用性强，为高等职业本专科院校电子类、通信类、电气类和其他相近专业的教材，也可作为开放大学、成人教育、自学考试、中职学校、培训班的教材，以及参加大赛师生与工程技术人员的参考书。

本书的主教材配有免费的电子教学课件、习题答案等教学资源，详见前言。

图书在版编目（CIP）数据

高频电子技术实验及课程设计 / 陈宗梅，张海燕主编. —北京：电子工业出版社，2021.1
高等职业院校精品教材系列
ISBN 978-7-121-39921-3

Ⅰ. ①高… Ⅱ. ①陈… ②张… Ⅲ. ①高频－电子电路－高等职业教育－教学参考资料 Ⅳ. ①TN710.2

中国版本图书馆 CIP 数据核字（2020）第 219781 号

策划编辑：陈健德（E-mail:chenjd@phei.com.cn）
责任编辑：陈健德　　特约编辑：田学清
印　　刷：三河市鑫金马印装有限公司
装　　订：三河市鑫金马印装有限公司
出版发行：电子工业出版社
　　　　　北京市海淀区万寿路 173 信箱　邮编　100036
开　　本：787×1 092　1/16　印张：7.75　字数：198 千字
版　　次：2021 年 1 月第 1 版
印　　次：2021 年 1 月第 1 次印刷
定　　价：35.00 元

凡所购买电子工业出版社图书有缺损问题，请向购买书店调换。若书店售缺，请与本社发行部联系，联系及邮购电话：（010）88254888，88258888。

质量投诉请发邮件至 zlts@phei.com.cn，盗版侵权举报请发邮件至 dbqq@phei.com.cn。

本书咨询联系方式：chenjd@phei.com.cn。

前　言

　　本书按照教育部新的教学改革要求以及高等职业院校电子类、通信类、电气类和其他相近专业的教学方案进行编写，为《高频电子技术》的配套教材。在编写过程中，注重经典基础实验，精选课程设计项目，旨在加强学生对高频电子技术实验及课程设计基本技能的综合训练，加强学生对高频电子技术专业课程的理论学习，培养和提高学生的动手能力与工程设计能力。

　　在现有的同类教材中，关于高频电子技术实验及课程设计的内容较为庞杂笼统，不便于教师开展专业课程教学及学生自主自学。为提高专业课程的教学质量和学生的动手能力，我们结合教学实践多次进行课程内容改革，引导学生学习基本技能，启迪学生的科技创新思维，我们在已取得的教学成果和借鉴同行专家经验的基础上编写了本书，以便在实验与课程设计中能够与行业技能需求相结合，减少课程教学实践的盲目性。

　　在编写过程中力图采用新的模式、新的思路，让学生能够在实践学习中轻松入手，逐步提高动手、创新能力。本书的主要特点如下：

　　（1）实用性强。本书不仅介绍常用高频仪器的使用、经典实验的测试，还在附录中介绍Multisim仿真软件的使用方法及实验仿真实例。

　　（2）精选经典的基础实验和课程设计项目，通过新的教学思路在实践环节中将抽象、枯燥的理论知识变得有趣。

　　（3）详细讲解基础实验、课程设计的具体步骤，注重动手能力的培养，能启发思考和训练动手能力，理论与实践紧密联系，方便教师教学和学生自学。

　　本书由重庆电子工程职业学院陈宗梅和张海燕任主编，并负责全书的统稿工作，由重庆电子工程职业学院张林生任副主编。具体编写分工为：第1章由张林生编写，第2～3章由陈宗梅和张海燕共同编写，附录A由陈宗梅编写，附录B由张海燕编写。

　　由于编者水平有限，书中难免会有欠妥和疏漏之处，恳请广大读者和同行给予批评指正。

　　为了方便教师教学，本书的主教材配有免费的电子教学课件、习题答案等教学资源，请有此需要的教师登录华信教育资源网（http://www.hxedu.com.cn），免费注册后再进行下载，如有问题，请在网站留言板留言或与电子工业出版社联系（E-mail:hxedu@phei.com.cn）。

编　者

目　录

第 1 章

高频电子技术实验基础

本章主要介绍高频电子技术实验的目的、意义和要求，以及示波器的功能与使用、高频电子技术实验箱的基本功能、信号发生器的使用。

1.1 实验的目的、意义和要求

实验的目的：一方面使学生加深对各类高频电路基本原理及工作特点的理解，巩固教学内容，为学习后续课程和从事实践技术工作奠定基础；另一方面进一步使学生在实验技能方面得到系统的训练。

实验的意义：通过实验，加强学生实践与理论联系实际的意识，加深学生对知识的理解与掌握，培养学生的设计功能电路的能力及分析电路性能和解决问题的能力。

通过本课程实验，学生要达到以下要求。

（1）熟练掌握示波器的使用。

（2）熟练掌握信号发生器、超高频毫伏表的使用。

（3）掌握以下基本测试技术与方法：

① 小信号调谐放大器的中心频率、通频带的测试方法；

② LC 振荡器与晶体振荡器的频率稳定度的测量；

③ AM 波的调幅系数（m_a）的测量；

④ 振幅调制和解调的全过程及整机调试方法；

⑤ 调频波频偏的测量方法；

⑥ 调频和解调全过程及整机调试方法；

⑦ 用锁相环集成电路构成调频波解调的基本方法。

（4）掌握二极管包络检波电路的设计、制作与调试技术。

（5）了解分布参数使通信电路性能发生变化的原因及解决方法。

1.2 示波器的功能与使用

以 SDS1102A 数字示波器（见图 1.1）为例，从面板功能、用户界面、使用注意事项三个方面介绍示波器的功能与使用。

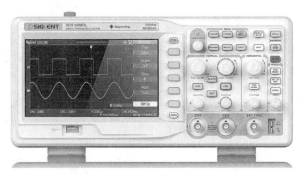

图 1.1 SDS1102A 数字示波器

1.2.1 面板功能

1. 前面板功能

SDS1102A 数字示波器的前面板如图 1.2 所示，各部分功能如下。

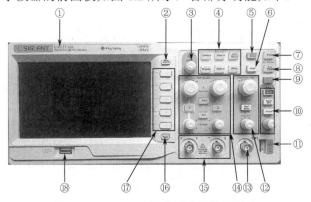

图 1.2 SDS1102A 数字示波器的前面板

1）电源开关键

按下电源开关键（见图 1.2 中的①）接通电源，示波器打开；再次按下电源开关键，电源开关键弹出，电源断开，示波器关闭。

2）菜单开关键

按下菜单开关键（见图 1.2 中的②），将进入菜单操作状态。在菜单操作状态下，可以选择测量和显示输入信号的参数，如电压的最大值、峰-峰值、频率、周期、**CH1/CH2** 通道的输入信号显示和测量的选择等。

3）万能旋钮

万能旋钮（见图 1.2 中的③）有如下两个功能。

（1）调节波形亮度：非菜单操作时，旋转该旋钮可调节波形的显示亮度，可调范围为 30%～100%。顺时针旋转，增大波形亮度；逆时针旋转，减小波形亮度。也可按下 "DISPLAY" 键，选择 "波形亮度" 菜单，然后使用该旋钮调节波形亮度。

（2）多功能旋钮：菜单操作时，按下某个菜单软键后，若该旋钮上方指示灯被点亮，则旋转该旋钮可选择该菜单下的子菜单，按下该旋钮可选中当前选择的子菜单，此时指示灯将熄灭。另外，该旋钮还可用于修改参数值、输入文件名等。

4）功能选项控制

功能选项控制键区（见图 1.2 中的④）有 6 个键。

按下 "CURSORS" 键，打开 "光标测量" 菜单。示波器提供手动测量、追踪测量和自动测量 3 种光标测量模式。

按下 "ACQUIRE" 键，打开 "采样设置" 菜单，可获取示波器的获取方式、内插方式和采样方式。

按下 "SAVE RECALL" 键，进入 "文件存储/调用" 界面，可存储/调出文件类型，包括设置存储、波形存储、图像存储和 CSV 存储，另外，还可以调出示波器出厂设置。

按下 "MEASURE" 键，打开 "测量设置" 菜单。"测量设置" 菜单包含的测试类别有电压测量、时间测量和延迟测量，每种测量菜单下又包含多个子测量菜单，按下相应的子测试菜单即可显示当前测量值。

按下 "DISPLAY" 键，打开 "显示设置" 菜单，可设置波形显示类型、余辉时间、波形亮度、网络亮度、显示格式（XY/YT）、屏幕正反向、网格、菜单持续时间和界面方案。

按下 "UTILITY" 键，打开 "系统功能设置" 菜单，可设置系统相关功能和参数，如扬声器、语言、接口等。此外，还支持一些高级功能，如自校正、升级固件和通过测试等。

5）默认设置

按下 "DEFAULT SETUP" 键（见图 1.2 中的⑤），进入 "系统默认设置" 界面。系统默认设置下的电压为 1 V，时基为 500 μs。

6）帮助信息

按下 "HELP" 键（见图 1.2 中的⑥），开启帮助信息功能。在此基础上依次按下各功能菜单键即可显示相应菜单的帮助信息。若要显示各功能菜单下子菜单的帮助信息，则需要先打开当前菜单界面，然后按下 "HELP" 键，选中相应子菜单键。再次按下 "HELP" 键即可关闭帮助信息功能。

7）单次触发

按下 "SINGLE" 键（见图 1.2 中的⑦），将示波器的触发方式设置为 "单次"。单次触发设置检测到一次触发时采集一个波形，然后停止。

8）运行/停止控制

按下 "RUN/STOP" 键（见图 1.2 中的⑧），将示波器的运行状态设置为 "运行" 或 "停止"。在运行状态下该键黄灯被点亮，在停止状态下该键红灯被点亮。

9) 波形自动显示

按下"AUTO"键（见图 1.2 中的⑨），开启波形自动显示功能。示波器将根据输入信号自动调整电压挡位、水平时基及触发方式，使波形以最佳方式显示。

10) 触发控制系统

触发控制系统键区（见图 1.2 中的⑩）包括 4 个按键和旋钮。

按下"TRIG MENU"键，打开"触发功能"菜单。本示波器提供边沿、脉冲、视频、斜率和交替 5 种触发类型。

按下"SET TO 50%"键，可快速稳定波形，可自动将触发电平的位置设置为"约是对应波形最大电压值和最小电压值间距的一半"。

按下"FORCE"键，在 Normal 和 Single 触发方式下可使通道波形强制触发。

旋转"LEVEL"旋钮，可修改触发电平。顺时针旋转，增大触发电平；逆时针旋转，减小触发电平。在修改过程中，触发电平上下移动，同时屏幕左下角的触发电平值相应变化。按下该旋钮可快速将触发电平恢复至对应波形零点。

11) 探头元件

探头元件（见图 1.2 中的⑪）提供一个标准的方波信号对示波器进行矫正和补偿。

12) 水平控制系统

水平控制系统键区（见图 1.2 中的⑫）包括 3 个按键和旋钮。

按下"HORIZ MENU"键，可打开"水平控制"菜单。在此菜单下可开启或关闭延迟扫描功能，切换存储深度为"长存储"或"普通存储"。

旋转"POSITION"旋钮，可修改触发位移。旋转该旋钮时，触发点相对于屏幕中心左右移动。在修改过程中，所有通道的波形同时左右移动，同时屏幕左下角的触发位移信息相应变化。按下该旋钮可快速复位波形的触发位移（或延迟扫描位移）。

旋转"SEC/DIV"旋钮，可修改水平时基。顺时针旋转，减小时基；逆时针旋转，增大时基。在修改过程中，所有通道的波形被水平扩展或压缩，同时屏幕下方的时基信息相应变化。按下该旋钮可将波形快速切换至延迟扫描状态。

13) 外触发输入端

外触发输入端（见图 1.2 中的⑬）用于接收外触发信号。

14) 垂直控制系统

垂直控制系统键区（见图 1.2 中的⑭）包括 4 个按键和旋钮。

按下"MATH"键，可打开"数学运算"菜单，可进行加、减、乘、除、FFT 运算。

按下"REF"键，可开启参考波形功能，可将实测波形与参考波形相比较，以判断电路故障。

旋转"POSITION"旋钮，可修改对应通道波形的垂直位移。顺时针旋转，增大位移；逆时针旋转，减小位移。在修改过程中，波形会上下移动，同时屏幕左下角的位移信息相应变化。按下该旋钮可快速恢复垂直位移。

旋转"VOLTS/DIV"旋钮，可修改当前通道的电压挡位。顺时针旋转，减小电压挡位；逆时针旋转，增大电压挡位。在修改过程中，波形幅度会增大或减小，同时屏幕左下角的挡位信息会相应变化。按下该旋钮可快速切换电压挡位调节方式为"粗调"或"细调"。

15）模拟通道输入端

模拟输入通道有两个输入端 CH1 和 CH2（见图 1.2 中的⑮）。两个通道标签分别用黄色和蓝色进行标识，且屏幕中波形颜色和输入通道连接器的颜色相对应。按下通道按键可打开相应通道及其菜单，连续按下两次通道按键可关闭该通道。

16）"PRINT" 键

若当前已连接打印机，并且打印机处于闲置状态，则按下"PRINT"键（见图 1.2 中的⑯）将执行打印功能。

17）菜单选项

在菜单选项区（见图 1.2 中的⑰）可以选择测量和显示输入信号的参数，如电压的最大值、最小值、峰-峰值、频率、周期，以及 CH1/CH2 通道的输入信号显示和测量的选择等。

18）USB 接口

USB 接口（见图 1.2 中的⑱）用于与 USB 存储设备（如 U 盘等）连接，可用于保存示波器的截屏、波形数据、仪器配置信息等。

2. 后面板功能

SDS1102A 数字示波器的后面板如图 1.3 所示，各部分功能如下。

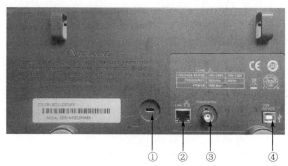

图 1.3　SDS1102A 数字示波器的后面板

（1）锁孔（见图 1.3 中的①），可以使用安全锁通过该锁孔将示波器锁在固定位置。

（2）LAN 口（见图 1.3 中的②），为网络接口。

（3）Pass/Fail Out 输出口（见图 1.3 中的③），通过该端口输出 Pass/Fail 检测脉冲。

（4）USB DEVICE（见图 1.3 中的④），该接口可与打印机连接，从而打印示波器当前显示界面；该接口也可与 PC 连接，从而通过上位机软件对示波器进行控制。

1.2.2　用户界面

SDS1102A 数字示波器的用户界面如图 1.4 所示，下面将介绍用户界面的内容。

1）产品商标

Siglent（见图 1.4 中的①）为公司注册商标。

2）运行状态

图 1.4 中的②为示波器的运行状态，示波器的运行状态包括 Ready（准备）、AUTO（自

动）、Triq（触发）、Scan（扫描）、Stop（停止）。

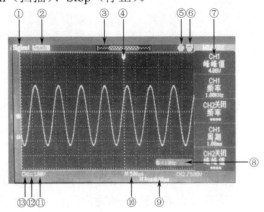

图 1.4　SDS1102A 数字示波器用户界面

3）波形存储器

图 1.4 中的③为当前屏幕中波形在存储器中的位置。

4）触发位置

图 1.4 中的④为波形存储器和屏幕中波形的触发位置。

5）打印设置

图 1.4 中的⑤为打印机设置菜单中"打印钮"的当前状态。

6）USB 接口

图 1.4 中的⑥为 USB 接口的当前设置。

7）通道选择

图 1.4 中的⑦为当前正在操作的功能通道的名称。

8）频率显示

图 1.4 中的⑧为当前触发通道波形的频率值。

9）触发位移

使用"POSITION"旋钮可修改参数触发位移（见图 1.4 中的⑨）。

10）水平时基

水平时基（见图 1.4 中的⑩）表示屏幕水平轴上每格所代表的时间长度。使用"SEC/DIV"旋钮可修改该参数。

11）电压挡位

电压挡位（见图 1.4 中的⑪）表示屏幕垂直轴上每格所代表的电压大小。使用"VOLTS/DIV"旋钮可修改该参数。

12）耦合方式

图 1.4 中的⑫为当前波形的耦合方式。示波器有直流、交流、接地三种耦合方式，每种耦合方式都有相应的显示标志。

13）当前通道

图 1.4 中的⑬为当前正在操作的通道，可同时显示两种通道标志。

1.2.3　使用注意事项

1. 功能检查

使用示波器之前，应从以下几个方面进行功能检查。

（1）按下"DEFAULT SETUP"键将示波器恢复为默认设置。

（2）将探头的接地鳄鱼夹与探头补偿信号输出端下面的接电线相连。

（3）将探头一端连接示波器的通道输入端，将探头另一端连接探头补偿信号（校准信号）。

（4）按下"AUTO"键。

（5）观察示波器显示屏上的信号波形，正常情况下显示的是一个正常的方波波形。

（6）用同样的方法检测另一个通道。若屏幕显示的波形形状不是正常的方波波形，请执行探头补偿。

2. 探头补偿

使用探头时，应先进行探头补偿调节，使探头与示波器输入通道匹配，未经补偿或补偿偏差会导致测量偏差或错误。探头补偿步骤如下。

（1）执行"功能检查"中的步骤（1）～（4）。

（2）检查所显示的波形形状是否为正常的方波波形。

（3）若不是正常的方波波形，则用非金属质地的螺钉旋具调整探头上的低频补偿调节孔，直到显示正常的方波波形。

1.3　高频电子技术实验箱的基本功能

许多院校都是通过一种高频电子技术实验箱来完成本课程中的实验的，各实验箱的基本功能和使用方法基本一致，本书中的实验都是使用 RZ8653 型高频电子技术实验箱来完成的。RZ8653 型高频电子技术实验箱提供了高频信号源、低频信号源、频率计和各种实验电路模块等。RZ8653 型高频电子技术实验箱如图 1.5 所示。

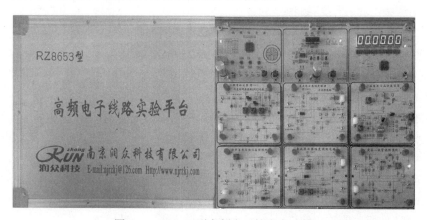

图 1.5　RZ8653 型高频电子技术实验箱

1.4 信号发生器的使用

1.4.1 高频电子技术实验箱提供的信号发生器

本课程许多实验的信号可以通过 RZ8653 型高频电子技术实验箱来产生，其他实验箱也能提供类似的信号。下面介绍 RZ8653 型高频电子技术实验箱的低频信号源（低频信号发生器）和高频信号源（高频信号发生器）的使用方法。

1. 低频信号源

本课程实验的低频信号源是由 RZ8653 型高频电子技术实验箱提供的，低频信号源可提供函数信号（正弦波、三角波、方波）、调幅信号、调频信号及语音信号。除语音信号外，其余各信号均由芯片 U801 编程产生。

产生的信号由铆孔 P101、P102 输出，输出信号的类型由低频信号源模块（也就是实验箱左侧）的表格及 4 个发光二极管（D01、D02、D03、D04）点亮情况来确定，低频信号源模块左侧的"1"表示发光二极管亮，"0"表示发光二极管灭。编码器 SS101 上的按钮用来控制输出信号类型和输出信号频率。按动一次 SS101 上的按钮，输出信号类型发生一次改变，旋转 SS101 上的按钮，输出信号频率发生改变，函数信号（正弦波、三角波、方波）的频率范围为 100 Hz～20 kHz。调幅波的载频为固定值 40 kHz，音频调制信号频率为 1 kHz。调频波的载频为固定值 10 kHz。音频调制信号的幅度可通过 SW01 上的小按钮来调节。输出调频波时，音频调制信号幅度和调频波输出幅度不要太大，否则输出波形会出现调幅。以上各信号的输出幅度均可通过"幅度"调节旋钮来调节。底板上左侧 MIC 插口为传声器插口，用来传送语音信号，标有 MIC 的铆孔是语音输出口。标有 P104 的铆孔为低频功放输入口，音频信号通过铆孔 P104 送入后，可在扬声器中发出声音。电位器 W103（功放调节）用来调节功率放大器信号输入的幅度，即调节扬声器声音的大小。

2. 高频信号源

高频 DDS 信号源也是由 RZ8653 型高频电子技术实验箱提供的，它通过 AD9850（AD 公司生产的最高时钟频率为 125 MHz 的直接数字频率合成器）输出稳定的高频正弦波波形，频率调节方便。使用方法与指标如下。

（1）输出信号频率：2 kHz～25 MHz，开机默认输出信号频率为 6.3 MHz。

（2）输出信号幅度：峰-峰值（U_{P-P}）>1V。

（3）频率调节步长分三挡：1000 Hz、100 kHz、1 MHz，三个发光二极管（D201、D202、D203）分别为各挡指示灯。

（4）铆孔 P201 输出高频信号。

（5）电位器 W201 调节输出信号幅度，使用时电位器不宜调至最大，否则输出波形有失真。

（6）编码器 SS201 完成频率调节和频率调节步长改变，按动一次 SS201 上的按钮，频率调节步长改变一挡；旋转 SS201 上的按钮改变输出信号频率，右旋频率增加，左旋频率减小；频率的改变量由步长决定。

1.4.2　函数信号发生器的基本功能

函数信号发生器是电路实验中经常使用的仪器，SDG1032X 函数信号发生器如图 1.6 所示，下面介绍其前面板功能和用户界面。

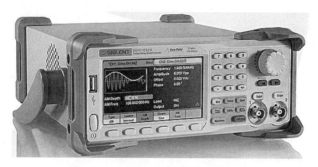

图 1.6　SDG1032X 函数信号发生器

1. 前面板功能

SDG1032X 函数信号发生器的前面板如图 1.7 所示，其功能介绍如下。

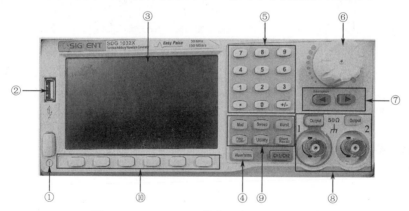

图 1.7　SDG1032X 函数信号发生器的前面板

1）电源键

电源键（见图 1.7 中的①）用于开启或关闭函数信号发生器。当该电源键为关闭状态时，函数信号发生器处于断电状态。

2）USB 接口

USB 接口（见图 1.7 中的②）支持 FAT 格式的 U 盘。与 U 盘连接，可读取该 U 盘中的波形或状态文件，或将当前的仪器状态存储到 U 盘。

3）液晶显示屏

4.3 英寸 TFT 彩色液晶显示屏（见图 1.7 中的③），显示当前功能的菜单、参数设置/系统状态和提示信息等。

4）波形选择

"Waveforms"键（见图 1.7 中的④）可以选择以下波形。

Sine（正弦波）：提供频率为 1 μHz～160 MHz 的正弦波信号。当正弦波信号选择键被选中时，"Waveforms"按键背光灯将变亮。通过正弦波信号选择键可以改变正弦波的频率/周期、幅值/高电平、偏移量/低电平和相位。

Square（方波）：提供频率为 1 μHz～50 MHz 的方波信号。当方波信号选择键被选中时，"Waveforms"按键背光灯将变亮。通过方波信号选择键可以改变方波的频率/周期、幅值/高电平、偏移量/低电平和相位。

Ramp（三角波）：提供频率为 1 μHz～4 MHz 的三角波信号。当三角波信号选择键被选中时，"Waveforms"按键背光灯将变亮。通过三角波信号选择键可以改变三角波的频率/周期、幅值/高电平、偏移量/低电平、相位和对称性。

Pulse（脉冲）：提供频率为 1 μHz～40 MHz 的脉冲信号。当脉冲信号选择键被选中时，"Waveforms"按键背光灯将变亮。通过脉冲信号选择键可以改变脉冲的频率/周期、幅值/高电平、偏移量/低电平、脉宽/占空比、上升沿/下降沿和延时。

Noise（高斯白噪声）：提供带宽为 100 MHz 的高斯白噪声信号。当高斯白噪声信号选择键被选中时，"Waveforms"按键背光灯将变亮。通过高斯白噪声信号选择键可以改变高斯白噪声信号的方差和均值。

Arb（任意波）：提供频率为 1 μHz～40 MHz 的任意波信号。当任意波信号选择键被选中时，"Waveforms"按键背光灯将变亮。通过任意波信号选择键可以改变任意波的频率/周期、幅值/高电平、偏移量/低电平和相位。

5）数字输入

数字键（见图 1.7 中的⑤）用于输入参数，包括数字 0～9、小数点、符号键+/-。

6）旋钮

在设置参数时，旋钮（见图 1.7 中的⑥）用于增大（顺时针）或减小（逆时针）当前突出显示的数值。在输入文件名时，此旋钮用于切换软键盘中的字符。

7）方向键

在使用旋钮设置参数时，方向键（见图 1.7 中的⑦）用于切换数值的位；在输入文件名时，此键用于改变移动光标的位置。在存储或读取文件时，此键用于选择文件保存的位置或需要读取的文件。

8）CH1/CH2 控制输出端

需要输出 CH1/CH2 时，应按"Output"按键（见图 1.7 中的⑧），该按键背光灯变亮说明有输出信号产生。

9）模式/辅助功能键

模式/辅助功能键区（见图 1.7 中的⑨）包括以下功能键。

Mod：调制。可输出经过调制的波形，提供多种模拟调制和数字调制方式，可产生 AM、DSB-AM、FM、PM、ASK、FSK、PWM 已调信号，支持内部和外部调制信号源。当该功能键被选中时，按键背光灯将变亮。

Sweep：扫频。可产生正弦波、方波、锯齿波和任意波的扫频信号，支持线性和对数两种扫频方式，支持内部、外部、和手动 3 种触发源。当该功能键被选中时，按键背光

灯将变亮。

Burst：脉冲串。可产生正弦波、方波、锯齿波和任意波的脉冲输出，支持 N 循环、门控、和无限 3 种脉冲串模式，支持内部、外部、和手动 3 种触发源。当该功能键被选中时，按键背光灯将变亮。

Parameter：参数设置键。可直接切换到设置参数的界面，进行参数设置。

Utility：辅助功能与系统设置。用于设置系统参数，查看版本信息。

10）菜单软键

菜单软键区（见图 1.7 中的⑩）与液晶显示屏上的菜单一一对应，按下任意软键可激活对应的菜单。

2．用户界面

SDG1032X 函数信号发生器用户界面有两种显示模式：参数和图形，如图 1.8 所示，其功能介绍如下。

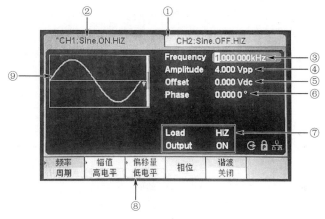

图 1.8　SDG1032X 函数信号发生器用户界面

1）通道标识栏

图 1.8 中的①为标识 CH1 和 CH2 的显示的波形区域。当前选中的通道标识会突出显示。

2）当前功能

图 1.8 中的②为当前活动功能的名称。

3）频率显示

图 1.8 中的③为通道当前波形的频率。

4）幅度显示

图 1.8 中的④为通道当前波形的幅度。

5）相位

图 1.8 中的⑤为通道当前波形的相位。

6）偏移量

图1.8中的⑥为通道当前波形的偏移量。

7）输出配置

图1.8中的⑦为通道当前的输出配置，包括输出阻抗和衰减设置。

8）软键菜单

图1.8中的⑧为软键菜单区，按下面板上的任意按键激活相应的功能。

9）波形显示

图1.8中的⑨为波形显示区，用于显示当前的波形。

第2章

高频电子技术实验

实验 2.1　小信号调谐放大器性能测试

2.1.1　实验目的

（1）熟悉电子元器件和高频电子线路实验系统。

（2）掌握单调谐放大器和双调谐放大器的基本工作原理。

（3）掌握测量单调谐放大器和双调谐放大器幅频特性的方法。

（4）熟悉集电极负载对单调谐放大器和双调谐放大器幅频特性的影响。

（5）了解单调谐放大器和双调谐放大器动态范围的概念和测量方法。

2.1.2　实验内容

（1）采用点测法测量单调谐放大器和双调谐放大器的幅频特性。

（2）用示波器测量单调谐放大器的输入信号幅度、输出信号幅度，并计算电压放大倍数。

（3）用示波器观察耦合电容对双调谐放大器幅频特性的影响。

（4）用示波器观察单调谐放大器的动态范围。

（5）观察集电极负载对单调谐放大器幅频特性的影响。

2.1.3　实验原理

1. 单调谐放大器

小信号调谐放大器有很多种类，按调谐回路区分，有单调谐放大器、双调谐放大器和参差调谐放大器；按晶体管连接方法区分，有共基极调谐放大器、共发射极调谐放大器和共集电极调谐放大器。下面我们讨论共发射极单调谐放大器。

共发射极单调谐放大器电路原理图如图 2.1 所示。

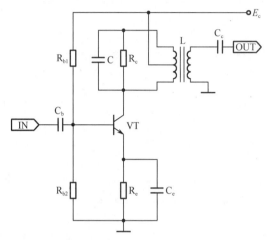

图 2.1　共发射极单调谐放大器电路原理图

图 2.1 中，三极管 VT 起放大信号的作用，R_{b1}、R_{b2}、R_e 为直流偏置电阻，用以保证三极管工作于放大区域，且放大器工作于甲类状态。C_e 是 R_e 的旁路电容，C_b、C_c 分别是输入耦合电容、输出耦合电容。L 和 C 构成了调谐回路，作为放大器的集电极负载起选频作用，它采用抽头接入法，以减轻三极管输出电阻对调谐回路品质因数（Q 值）的影响，R_c 是集电极（交流）电阻，它决定了调谐回路 Q 值、带宽。

2. 双调谐放大器

双调谐放大器具有频带宽、选择性好的优点。顾名思义，双调谐回路是指有两个调谐回路：一个靠近"信源"端（如三极管输出端），称为初级；另一个靠近"负载"端（如下级输入端），称为次级。两者之间，可采用互感耦合或电容耦合。与单调谐回路相比，双调谐回路的矩形系数较小，即它的幅频特性曲线更接近于矩形。图 2.2 为电容耦合双调谐放大器电路原理图。

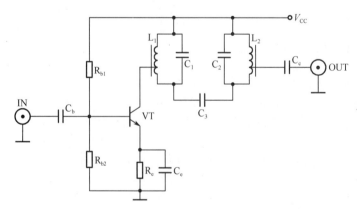

图 2.2　电容耦合双调谐放大器电路原理图

图 2.2 中，R_{b1}、R_{b2}、R_e 为直流偏置电阻，用以保证三极管工作于放大区域，且放大器工作于甲类状态，C_e 为 R_e 的旁通电容，C_b 和 C_c 分别为输入耦合电容、输出耦合电容。图 2.2 中有两个调谐回路：L_1、C_1 组成了初级回路，L_2、C_2 组成了次级回路。两个回路之间并无互感耦合（必要时，可分别对 L_1、L_2 加以屏蔽），而是将 C_3 进行耦合，故称为电容耦合。

2.1.4　实验电路

图 2.3 为小信号调谐放大器实验电路原理图。图 2.3 中，2P01 为信号输入铆孔，当做实验时，高频信号由此铆孔输入。2TP01 为输入信号测试点。接收天线用于接收发送方发出的信号。变压器 2T1 和电容 2C1、2C2 组成输入选频回路，用来选出需要的信号。三极管 2VT1 用于放大信号，2R1、2R2 和 2R5 为 2VT1 的直流偏置电阻，用以保证 2VT1 工作于放大区域，且放大器工作于甲类状态。2VT1 集电极接有 LC 调谐回路，用来谐振于某一工作频率上。本实验电路设计有单调谐回路和双调谐回路，由开关 2K2 控制。当 2K2 断开时，本实验电路为电容耦合双调谐回路，2L1、2L2、2C4 和 2C5 组成了初级回路，2L3、2L4、2C7 和 2C9 组成了次级回路，两个回路之间由电容 2C6 进行耦合，调整 2C6 可调整其耦合度。当 2K2 接通时，2C6 被短路，此时两个回路合并成单个回路，故该电路为单调谐回路。2VD1、2VD2、2VD3 为变容二极管，通过改变 ADVIN 的直流电压，即可改变变容二极管的电容，达到对回路的调谐。底板上的调谐旋钮，就是用来改变变容二极管上的电压的，三个变容二极管并联的目的是增大变容二极管的容量。开关 2K1 控制电阻 2R3 是否接入集电极回路，当 2K1 接通时（开关往下拨为接通），2R3（2 kΩ）并入回路，使集电极负载电阻减小，回路 Q 值降低，放大器增益减小。电阻 2R6、2R7、2R8 和三极管 2VT2 组成放大器，用来对所选信号进一步放大。2TP02 为输出信号测试点，2P02 为信号输出铆孔。

2.1.5　实验步骤

1. 实验准备

在实验箱主板上插装好调谐回路谐振放大器模块（见图 2.4），该模块必须装在底板 D 的位置。按下实验箱上的电源开关，按下模块上的开关 2K3，此时模块上的电源指示灯亮。

2. 单调谐放大器幅频特性测量

测量幅频特性通常有两种方法，即扫频法和点测法。扫频法简单直观，可直接观察到单调谐放大器的幅频特性曲线，但需要扫频仪。点测法采用示波器进行测试，即保持输入信号幅度不变，改变输入信号的频率，测出与频率相对应的单调谐放大器的输出信号幅度，然后画出输入信号频率与输出信号幅度的关系曲线，该曲线即单调谐放大器的幅频特性曲线。

（1）扫频法，即用扫频仪直接测量单调谐放大器的幅频特性。

（2）点测法，其步骤如下。

① 将 2K1 置"OFF"（2K1 往上拨）位，断开集电极电阻 2R3。将 2K2 置"单调谐"位，2C6 被短路，此时放大器为单调谐放大器。高频信号源输出端连接到单调谐放大器的

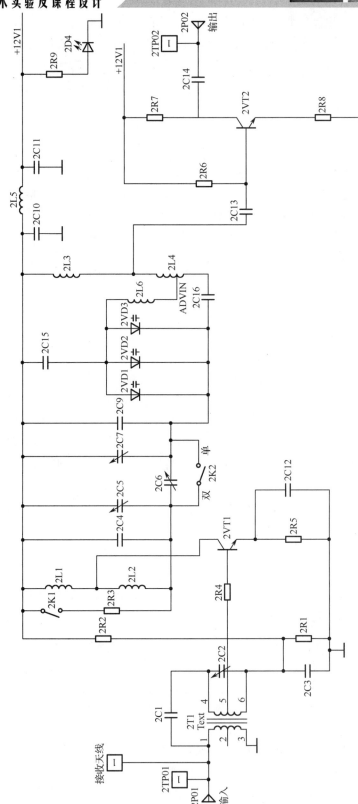

图 2.3 小信号调谐放大器实验电路原理图

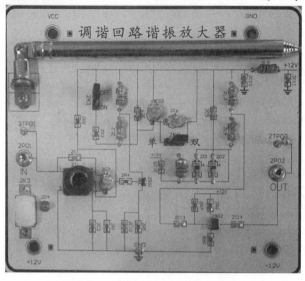

图 2.4 调谐回路谐振放大器模块

输入端 2P01。示波器的 CH1 接 2TP01，示波器的 CH2 接 2TP02，调整高频信号源信号的频率为 6.3 MHz（用频率计测量），高频信号源信号的幅度（峰-峰值）为 200 mV（示波器的 CH1 监测）。调整单调谐放大器的电容 2C5 和底板上调谐旋钮，使单调谐放大器的输出信号幅度最大（示波器的 CH2 监测）。此时回路产生谐振，谐振频率为 6.3 MHz。比较此时单调谐放大器的输入信号幅度、输出信号幅度大小，并算出电压放大倍数。

② 按照表 2.1 改变高频信号源信号的频率（用频率计测量），保持高频信号源信号的幅度为 200 mV（示波器的 CH1 监视），从示波器的 CH2 上读出与频率相对应的单调谐放大器的输出信号幅度，并把数据填入表 2.1。

表 2.1 单调谐放大器幅频特性测量

输入信号频率/MHz	5.4	5.5	5.6	5.7	5.8	5.9	6.0	6.1	6.2	6.3	6.4	6.5	6.6	6.7	6.8	6.9	7.0	7.1
输出信号幅度/mV																		

③ 以横轴为输入信号频率，纵轴为输出信号幅度，按照表 2.1 画出单调谐放大器的幅频特性曲线。

3. 观察集电极负载对单调谐放大器幅频特性的影响

当单调谐放大器工作于放大状态时，按照上述幅频特性的测量方法绘制接通与不接通 2R3 的幅频特性曲线。

4. 双调谐放大器幅频特性测量

双调谐放大器幅频特性的测量方法与单调谐放大器幅频特性的测量方法相同，也分为扫频法和点测法两种方法。扫频法即用扫频仪直接测得幅频特性。点测法的步骤如下。

（1）将 2K2 置"双调谐"位，接通 2C6，将 2K1 置"OFF"位（开关往上拨）。设置高频信号源信号的频率为6.3 MHz（用频率计测量）、幅度为200 mV，然后用铆孔线将高频信号源接入双调谐放大器的输入端2P01。示波器的CH1接2TP01，示波器的CH2接2TP02。调整双调谐放大器的电容2C5和底板上的调谐旋钮，使双调谐放大器的输出信号幅度最大。

（2）按照表2.2改变高频信号源信号的频率（用频率计测量），保持高频信号源信号的幅度（峰–峰值）为200 mV（示波器的CH1监视），从示波器的CH2上读出与频率相对应的双调谐放大器的输出信号幅度，并把数据填入表2.2。

表2.2 双调谐放大器幅频特性测量

输入信号频率/MHz	4.8	5.0	5.2	5.4	5.6	5.7	5.8	5.9	6.0	6.1
输出信号幅度/mV										
输入信号频率/MHz	6.2	6.3	6.4	6.5	6.6	6.7	6.8	6.9	7.0	7.1
输出信号幅度/mV										

（3）测出两峰之间凹陷点的大致频率。

（4）以横轴为输入信号频率，纵轴为输出信号幅度，按照表2.2画出双调谐放大器的幅频特性曲线。

（5）调整2C6的电容，按照上述方法绘制改变2C6电容值时的幅频特性曲线。

图2.5为2C6不同电容值时的幅频特性曲线。

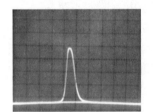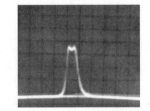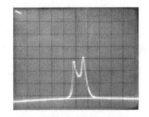

2C6电容值减小时的扫频曲线　　2C6电容值为某一值时的扫频曲线　　2C6电容值增大时的扫频曲线

图2.5 2C6不同电容值时的幅频特性曲线

5. 单调谐放大器动态范围测量

将2K1置"OFF"位（开关往上拨），将2K2置"单调谐"位。将高频信号源输出端接单调谐放大器的输入端2P01，调整高频信号源信号的频率至谐振频率，幅度为100 mV。将示波器的CH1接2TP01，示波器的CH2接2TP02。按照表2.3中的输入信号幅度，改变高频信号源信号的幅度（由CH1监测）。从示波器的CH2读出单调谐放大器输出信号幅度，并把数据填入表2.3，且计算单调谐放大器的电压放大倍数。可以发现，当单调谐放大器的输入信号幅度增大到一定数值时，电压放大倍数开始下降，输出波形开始畸变（失真）。

表2.3 单调谐放大器动态范围测量

输入信号幅度/mV	50	100	200	300	400	500	600	700	800	900	1000
输出信号幅度/mV											
电压放大倍数											

2.1.6　实验报告要求

（1）画出单调谐放大器和双调谐放大器的幅频特性曲线，计算输出信号幅度从最大值下降到 0.707 时的带宽，并由此说明单调谐放大器和双调谐放大器的优缺点。比较单调谐放大器和双调谐放大器在幅频特性曲线上有何不同。

（2）画出单调谐放大器电压放大倍数与输入信号幅度之间的关系曲线。

（3）当单调谐放大器输入信号幅度增大到一定程度时，输出波形会发生什么变化？为什么？

（4）总结本实验所获得的体会。

实验 2.2　中频放大器性能测试

2.2.1　实验目的

（1）熟悉电子元器件和高频电子线路实验系统。

（2）了解中频放大器的作用、要求及工作原理。

（3）掌握中频放大器的测试方法。

2.2.2　实验内容

（1）用示波器观察中频放大器输入波形、输出波形，并计算其放大倍数。

（2）用点测法测出中频放大器幅频特性，并计算中频放大器的通频带。

2.2.3　实验原理

1. 中频放大器的作用

1）进一步放大信号

接收机的增益，主要是中频放大器的增益。由于中频放大器的工作频率较低，因此其容易获得较高且稳定的增益。

2）进一步选择信号，抑制邻道干扰

接收机的选择性主要由中频放大器的选择性来保证，由于高频放大器及输入回路工作频率较高，因此其通频带较宽；由于中频放大器工作频率较低且固定，因此可采用较复杂的谐振回路或带通滤波器，使通频带变窄，从而使幅频特性曲线接近于理想矩形，所以中频放大器的选择性好，对邻道干扰有较强的抑制。

2. 对中频放大器的要求

（1）增益要高，一般都采用多级中频放大器。

（2）工作要稳定，不允许出现自激。

（3）选择性要好，对有用信号应能不失真地通过，对无用信号和干扰应有很大的抑制。

3. 中频放大器的分类及工作过程

中频放大器按照负载回路的构成，可分为单调谐中频放大器和双调谐中频放大器；按照三极管的接法，可分为共发射极中频放大器、共基极中频放大器和共集电极中频放大器。

2.2.4　实验电路

图 2.6 是中频放大器实验电路原理图。从图 2.6 可看出，本实验电路采用的是两级中频放大器，而且都是共发射极中频放大器，这样可以获得较大的增益。图 2.6 中，7P01 为中频信号输入铆孔，7TP01 为输入信号测试点。7L01、7C04 和 7L02、7C08 分别为第一级和第二级谐振回路，谐振频率为 2.5 MHz。7W02 用来调整中频放大器输出信号幅度。7P02 为中频信号输出铆孔，7TP02 为输出信号测量点，7P03 为自动增益控制（AGC）连接孔。

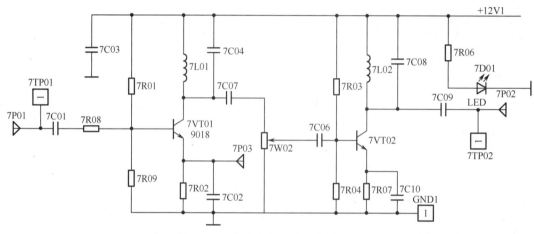

图 2.6　中频放大器实验电路原理图

2.2.5　实验步骤

1.　实验准备

将中频放大器模块（见图 2.7）插入实验箱主板，按下电源开关 7K01，电源指示灯点亮，即可开始实验。

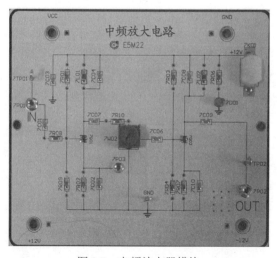

图 2.7　中频放大器模块

2. 中频放大器输入波形、输出波形观察及放大倍数测量

将高频信号源信号的频率设置为 2.5 MHz ，将高频信号源信号的幅度（峰-峰值）设置为 150 mV ，将高频信号源的输出端接中频放大器的输入端 7P01，用示波器测量 7TP02 点的波形，微调高频信号源信号的频率使中频放大器输出信号幅度最大。调整 7W02，使中频放大器输出信号幅度最大且不失真，并记下此时的幅度大小，然后测量中频放大器此时的输入信号幅度，即可算出中频放大器的电压放大倍数。

3. 测量中频放大器的幅频特性

保持上述状态不变，按照表 2.4 改变高频信号源信号的频率（用频率计测量），保持高频信号源信号的幅度为 150 mV （示波器的 CH1 监视），从示波器的 CH2（接 7TP02）上读出与输入信号频率相对应的幅度，并把数据填入表 2.4，然后以横轴为输入信号频率，纵轴为输出信号幅度，按照表 2.4，画出中频放大器的幅频特性曲线，并从曲线上算出中频放大器的通频带（输出信号幅度最大值下降到 0.707 时所对应的频率范围为通频带）。

表 2.4　中频放大器幅频特性测量

输入信号频率/MHz	1.3	1.5	1.7	1.9	2.1	2.3	2.5	2.7	2.9	3.1	3.3	3.5	3.7
输出信号幅度/mV													

4. 输入信号为调幅波的观察

在上述状态下，将输入信号设置为调幅波，其载波为 2.5 MHz 。用示波器观察 7TP02 点的波形是否为调幅波。

2.2.6　实验报告要求

（1）根据实验数据计算出中频放大器的电压放大倍数。
（2）根据实验数据绘制中频放大器幅频特性曲线，并计算出通频带。
（3）总结本实验所获得的体会。

实验 2.3　正弦波振荡器性能测试

2.3.1　实验目的

（1）掌握电容三端式振荡电路和晶体振荡器的基本工作原理，熟悉各元件的功能。
（2）掌握 LC 振荡器幅频特性的测量方法。
（3）熟悉电源电压变化对振荡器振荡幅度和频率的影响。
（4）了解静态工作点变化对晶体振荡器工作的影响，感受晶体振荡器频率稳定度高的特点。

2.3.2　实验内容

（1）用示波器观察 LC 振荡器和晶体振荡器的输出波形，测量振荡器输出电压峰-峰值，并用频率计测量振荡频率。

（2）测量 LC 振荡器的幅频特性。

（3）观察电源电压变化对振荡器的影响。

（4）观察并测量静态工作点变化对晶体振荡器工作的影响。

2.3.3 实验原理

振荡器是指在没有外加信号作用下的一种自动将直流电源的能量变换为一定波形的交变振荡能量的装置。

正弦波振荡器在电子技术领域中有着广泛的应用。信息传输系统的各种发射机就是通过主振器（振荡器）产生的载波，将经过放大、调制的信息发射出去。超外差式的各种接收机是由振荡器产生一个本地振荡信号，送入混频器，将高频信号变成中频信号。

振荡器的种类很多，从所采用的分析方法和振荡器的特性来看，可以把振荡器分为反馈式振荡器和负阻式振荡器两大类。本文我们只讨论反馈式振荡器。根据振荡器产生的波形，又可以把振荡器分为正弦波振荡器与非正弦波振荡器，本文我们只介绍正弦波振荡器。

常用正弦波振荡器主要由决定振荡频率的选频网络和维持振荡的正反馈放大器组成，这就是反馈式振荡器。按照选频网络所采用元件的不同，正弦波振荡器可分为 LC 振荡器、RC 振荡器和晶体振荡器等类型。

1. 反馈式正弦波自激振荡器基本工作原理

以互感反馈振荡器为例，分析反馈式正弦波自激振荡器的基本原理。互感反馈振荡器电路原理图如图 2.8 所示。

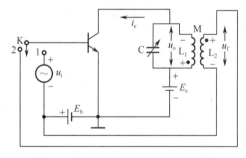

图 2.8　互感反馈振荡器电路原理图

当开关 K 接"1"时，信号源 u_i 加到三极管输入端，构成一个调谐放大器电路，集电极回路得到了一个放大了的信号 u_f。

当开关 K 接"2"时，信号源 u_i 不加到三极管，反馈信号 u_f 是三极管的输入信号。适当选择互感 M 和 u_f 的极性，可以使 u_i 和 u_f 大小相等，若 u_i 和 u_f 相位相同，则电路一定能维持高频振荡，达到自激振荡的目的。实际上起振并不需要外加激励信号，靠电路内部扰动即可起振。产生自激振荡必须具备以下两个条件。

（1）反馈必须是正反馈，即反馈到输入端的反馈电压与输入电压同相，也就是 u_i 和 u_f 同相。

（2）反馈信号必须足够大，如果从输出端送回到输入端的信号太弱，就不会产生振荡了，也就是说，反馈电压 u_f 在数值上应大于或等于需要的输入电压 u_i。

2. 电容三端式振荡器

LC 振荡器实质上是满足振荡条件的正反馈放大器。LC 振荡器的振荡回路是由 LC 元件组成的。从交流等效电路可知：由 LC 振荡回路引出三个端子，分别接振荡管的三个电极，构成反馈式自激振荡器，又称为三端式振荡器。如果反馈电压取自分压电感，则称为电感反馈式振荡器或电感三端式振荡器；如果反馈电压取自分压电容，则称为电容反馈式振荡器或电容三端式振荡器。

在几种基本高频振荡回路中，电容反馈式振荡器具有较好的振荡波形和稳定度，电路形式简单，适于在较高的频段工作，尤其是在三极管极间分布电容构成反馈支路时，其振荡频率可达到几百兆赫兹。

1）LC 振荡器的起振条件

一个振荡器能否起振，主要取决于振荡电路自激振荡的两个基本条件，即振幅起振平衡条件和相位平衡条件。

2）LC 振荡器的频率稳定度

频率稳定度表示在一定时间或一定温度、电压等变化范围内振荡频率的相对变化程度，常用表达式 $\Delta f / f_0$ 来表示（f_0 为振荡器标称频率，也就是理论频率；Δf 为振荡频率的频率误差，$\Delta f = f - f_0$；f 为不同时刻的振荡频率），频率相对变化量越小，表明振荡频率的稳定度越高。由于振荡回路的元件是决定频率的主要因素，因此要提高频率稳定度，就要设法提高振荡回路的标准性，除了采用高稳定和高 Q 值的回路电容和电感，其振荡管可以采用部分接入，以减小三极管极间电容和分布电容对振荡回路的影响，还可采用负温度系数元件实现温度补偿。

3）LC 振荡器的调整和参数选择

该实验采用改进型电容三端式振荡电路（西勒振荡电路），其交流等效电路如图 2.9 所示。由图 2.9 可知，该电路 C_2 上的电压为反馈电压，即该电压加在三极管基极、发射极之间。由于该电压形成正反馈，因此符合振荡器的相位平衡条件。

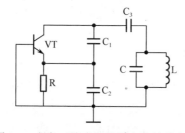

图 2.9　电容三端式振荡器交流等效电路

（1）静态工作点的调整：振荡管的静态工作点对振荡器工作的稳定性及波形的好坏有一定的影响，偏置电路一般采用分压式电路。

当振荡器稳定工作时，振荡管工作在非线性状态，通常是依靠三极管本身的非线性实现稳幅的。若选择三极管进入饱和区来实现稳幅，则振荡回路的等效 Q 值降低，输出波形变差，频率稳定度降低。因此，一般在小功率振荡器中静态工作点总是远离饱和区靠近截止区的。

（2）振荡频率（f）的计算：

$$f = \frac{1}{2\pi\sqrt{L(C+C_\mathrm{T})}}$$

式中，C_T 为 C_1、C_2 和 C_3 的串联值。

因 $C_1 \gg 300 \text{ pF} \gg C_3 (75 \text{ pF})$，$C_2 \gg 1000 \text{ pF} \gg C_3 (75 \text{ pF})$，故 $C_\mathrm{T} \approx C_3$，所以，振荡频率主要由 L、C 和 C_3 决定。

（3）反馈系数（F）的选择：$F = C_1/C_2$，F 不宜过大或过小，一般经验，F 为 $0.1 \sim 0.5$，本实验取 $F = 300/1000 = 0.3$。

4）克拉泼振荡电路和西勒振荡电路

图 2.10 为克拉泼振荡电路。

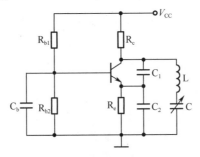

图 2.10　克拉泼振荡电路

图 2.11 为西勒振荡电路。

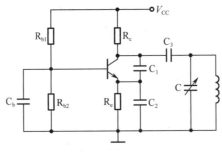

图 2.11　西勒振荡电路

3. 晶体振荡器

LC 振荡器的频率稳定度主要取决于振荡器选频回路的标准型和 Q 值，在采取了稳频措施以后，频率稳定度一般只能达到 10^{-4} 数量级。为了得到更高的频率稳定度，人们发明了一种石英晶体（石英谐振器，也称晶体）做的振荡器，称晶体振荡器，它的频率稳定度可达到 $10^{-8} \sim 10^{-7}$ 数量级。晶体振荡器之所以具有极高的频率稳定度，是因为采用了晶体这种具有高 Q 值的谐振元件。

图 2.12 为晶体振荡器的交流等效电路图。这种电路很类似于电容三端式振荡器的电路，区别仅在于两个分压电容的抽头是晶体接到三极管发射极的，由此构成正反馈通路。C_3 与 C_4 并联，再与 C_2 串联，然后与 L_1 组成并联谐振回路，调谐在振荡频率。当振荡频率等于晶体的串联谐振频率时，晶体呈现纯电阻，阻抗最小，正反馈最强，相移为零，满足相位条件。因

此晶体振荡器的频率稳定度主要由晶体来决定。在其他频率，不能满足振荡条件。

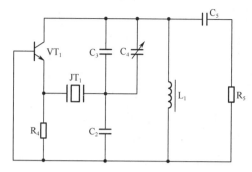

图 2.12　晶体振荡器的交流等效电路图

2.3.4　实验电路

图 2.13 为电容三端式振荡器和晶体振荡器实验电路。图 2.13 中，左侧部分为电容三端式振荡器，中间部分为晶体振荡器，右侧部分为发射极跟随器。

图 2.13 中，三极管 3VT01 为电容三端式振荡器的振荡管，3R01、3R02 和 3R04 为 3VT01 的直流偏置电阻，保证 3VT01 正常工作。克拉泼振荡电路和西勒振荡电路都是在电容三端式振荡器基础之上进行改进的电路。四位拨动开关 3SW01 控制回路电容的变化，也控制着振荡频率的变化。调整电位器 3W01 可改变电源电压。

图 2.13 中，三极管 3VT03 为晶体振荡器的振荡管，3W03、3R10、3R11 和 3R13 为 3VT03 的直流偏置电阻，保证 3VT03 正常工作，调整 3W03 可以改变 3VT03 的静态工作点。3R12、3C20 为去耦元件，3C21 为旁路电容，并构成共基极接法。3L03、3C18、3C19 构成振荡回路，其谐振频率应与晶体频率基本一致。3C17 为输出耦合电容。3TP03 为晶体振荡器测试点。晶体振荡器输出与电容三端式振荡器输出由开关 3K01 来控制，3K01 与上方接通时，为晶体振荡器输出，与下方接通时，为电容三端式振荡器输出。三极管 3VT02 为发射极跟随器，可提高带负载的能力。电位器 3W02 用来调整振荡器输出信号幅度。3TP02 为输出测量点，3P02 为振荡器输出铆孔。

2.3.5　实验步骤

1.　实验准备

插装好 LC 振荡器和晶体振荡器模块（见图 2.14），接通实验箱电源，按下模块上的电源开关，此时模块上的电源指示灯亮。

2.　LC 振荡实验

在做 LC 振荡实验时，为防止晶体振荡器对 LC 振荡器的影响，应使晶体振荡器停振，即将 3W03 顺时针调到底。

1）西勒振荡电路幅频特性的测量

将 3K01 拨至"LC 振荡器"，示波器接 3TP02，频率计接 3P02。调整 3W02，使输出电压最大。将开关 3K05 拨至"P"，此时振荡电路为西勒振荡电路。四位拨动开关 3SW01 分

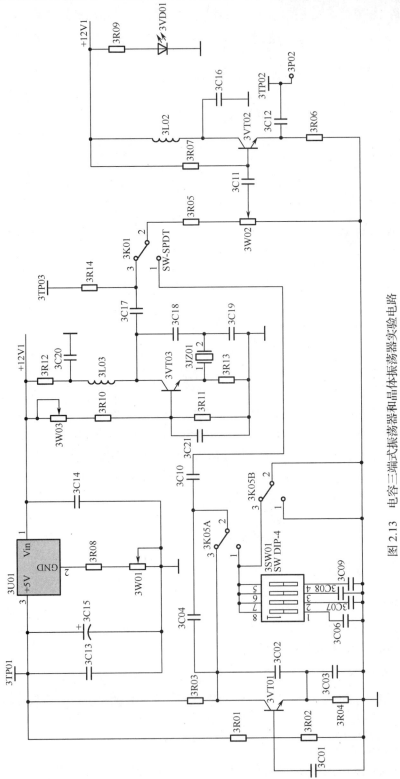

图 2.13　电容三端式振荡器和晶体振荡器实验电路

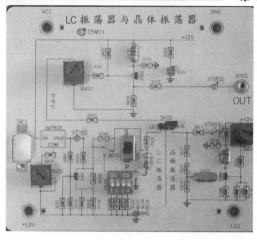

图 2.14　LC 振荡器与晶体振荡器模块

别控制 3C06（10 pF）、3C07（50 pF）、3C08（100 pF）、3C09（200 pF）是否接入电路，3SW01 往上拨为接通，往下拨为断开。四个开关接通的不同组合，可以控制电容的变化。例如，开关"1""2"往上拨，其接入电路的电容为 10 pF+50 pF=60 pF。按照表 2.5 中的电容的变化测出与电容相对应的振荡频率和输出电压，并将测量结果填于表 2.5 中。

表 2.5　西勒振荡电路幅频特性测量

电容/pF	10	50	100	150	200	250	300	350
振荡频率/MHz								
输出电压/V								

根据所测数据，分析振荡频率与电容的关系、输出电压与振荡频率的关系，并画出振荡频率与输出电压的关系曲线。

需要注意的是，如果在开关转换过程中使振荡器停振而无输出，可调整 3W01，使之恢复振荡。

2）克拉泼振荡电路幅频特性的测量

将开关 3K05 拨至"S"，振荡电路转换为克拉泼振荡电路。按照上述 1）的方法，测出振荡频率和输出电压，并将测量结果填于表 2.5 中。

根据所测数据，分析振荡频率与电容的关系、输出电压与振荡频率的关系，并画出振荡频率与输出电压的关系曲线。

3）测量电源电压变化对振荡器频率的影响

分别将开关 3K05 拨至"S"和"P"位置，改变电源电压 E_c，测出不同 E_c 下的振荡频率 f，并将测量结果填于表 2.6 中。

方法：将频率计接 3P01，调整 3W02 使输出最大，用示波器监测，测好后去掉。选定回路电容为 100 pF。将 3SW01 的"3"往上拨。用三用表直流电压挡测 3TP01 点电压，按照表 2.6 给出的 E_c 值，调整电位器 3W01，分别测出与电压相对应的振荡频率。表 2.6 中，Δf 为改变 E_c 时振荡频率的偏移，假定 $E_c = 10.5\ \text{V}$，则 $\Delta f = f - f_{10.5}$。

表 2.6　克拉泼振荡电路特性测量

	E_c/V	10.5	9.5	8.5	7.5	6.5	5.5
串联（S）	f/MHz						
	Δf/kHz						
	E_c/V	10.5	9.5	8.5	7.5	6.5	5.5
并联（P）	f/MHz						
	Δf/kHz						

根据所测数据，分析电源电压变化对振荡频率的影响。

3. 晶体振荡器实验

（1）将 3K01 拨至"晶体振荡器"，将示波器探头接 3TP02，观察晶体振荡器波形，如果没有波形，应调整 3W03。然后用频率计测量其输出端频率，看是否与晶体振荡器频率一致。

（2）将示波器探头接 3TP02，频率计接 3P02，调整 3W03 改变三极管静态工作点，观察振荡波形及振荡频率有无变化。

2.3.6　实验报告要求

（1）根据所测数据，分别绘制西勒振荡电路、克拉泼振荡电路的幅频特性曲线，并进行分析比较。

（2）根据所测数据，计算频率稳定度，并分别绘制克拉泼振荡电路、西勒振荡电路的 $\dfrac{\Delta f}{f_0} - E_c$ 曲线。

（3）根据实验，分析静态工作点对晶体振荡器工作的影响。

（4）总结本实验所获得的体会。

实验 2.4　混频器性能测试

2.4.1　实验目的

（1）了解三极管混频器和集成混频器的基本工作原理，掌握用 MC1496 实现混频的方法。

（2）了解混频器的寄生干扰。

2.4.2　实验内容

（1）用示波器观察混频器输入波形、输出波形。

（2）用频率计测量混频器输入频率、输出频率。

（3）用示波器观察输入波形为调幅波时的输出波形。

2.4.3　实验原理

在通信技术中，经常需要将信号由某一频率变换为另一频率，一般用得较多的是把一个已调的高频信号变成另一个较低频率的同类已调信号，完成这种频率变换的电路称混频

器。在超外差接收机中，混频器的作用是使波段工作的高频信号通过与本机振荡信号相混，得到一个固定不变的中频信号。

混频器的电路模型如图 2.15 所示。

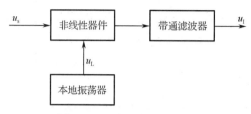

图 2.15 混频器的电路模型

混频器常用的非线性器件有二极管、三极管、场效应管和乘法器。本地振荡器用于产生一个等幅的高频正弦波信号作为本振信号 u_L，与输入信号 u_s 混频后，所产生的差频信号经带通滤波器滤出，这个差频通常叫作中频。输出的中频信号 u_I 与已调制输入信号 u_s 的包络形状完全相同，唯一的差别是信号载波频率由 f_s 变换成中频信号频率 f_I。

目前，高质量的通信接收机广泛采用二极管环形混频器和由差分对三极管集成模拟乘法器构成的混频器，而在一般接收机（如广播收音机）中，为了简化电路，还是采用简单的三极管混频器。

1. 三极管混频器的基本工作原理

当采用三极管作为非线性元件时就构成了三极管混频器，它是最简单的混频器之一，应用又广，我们以三极管混频器为例来分析混频器的基本工作原理。

三极管混频器的原理图如图 2.16 所示。

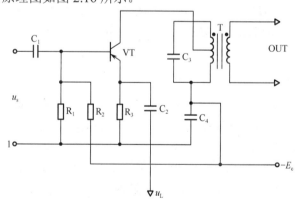

图 2.16 三极管混频器的原理图

从图 2.16 可知，输入的高频信号 u_s，通过 C_1 加到三极管的基极，而本振信号 u_L 经 C_2 耦合，加在三极管的发射极，这样加在三极管输入端（基极、发射极之间）信号 $u_{be} = u_s + u_L$，即两信号在三极管输入端互相叠加。由于三极管的 i_c-u_{be} 特性（转移特性）存在非线性，两信号相互作用，产生很多新的频率成分，其中就包括有用的中频成分 $f_L - f_s$ 和 $f_L + f_s$，输出中频回路（带通滤波器）将其选出，从而实现混频。

通常混频器集电极谐振回路的谐振频率选择两输入信号的差频，即 $f_L - f_s$，此时输出中频信号频率 f_I 比输入信号频率 f_s 低。有时根据需要，集电极谐振回路选择两输入信号的和频，即 $f_L + f_s$，此时输出中频信号频率 f_I 比输入信号频率 f_s 高，即将信号频率往高处搬移，有的混频器就取和频。

2. 混频干扰及其抑制方法

为了实现混频功能，混频器件必须工作在非线性状态，而作用在混频器上的除输入信号电压 u_s 和本振电压 u_L 外，不可避免地还存在干扰和噪声。它们之间任意两者都有可能产生组合频率，这些组合频率如果等于或接近中频，将与输入信号一起通过中频放大器和检波器，对输出级会产生干扰，影响输入信号的接收。

干扰是由于混频不满足线性时变工作条件而形成的，其中影响最大的是中频干扰、镜像干扰和组合频率干扰。

通常减弱这些干扰的方法有以下三种。

（1）适当选择混频电路的工作点，尤其是本振电压 u_L 不要过大。

（2）输入信号电压 u_s 幅值不能过大，否则谐波幅值也大，使干扰增强。

（3）合理选择中频信号频率，选择中频信号时应考虑各种干扰所产生的影响。

2.4.4　实验电路

1. 三极管混频器实验电路

图 2.17 是三极管混频器实验电路。由图 2.17 可看出，本振电压 u_L 从 5P01 输入，经 5C01 送往三极管的发射极。已调高频信号（频率为 6.3 MHz）从 5P02 输入，经 5C02 送往三极管的基极。混频后的中频信号由三极管的集电极输出，集电极的负载由 5L03、5C05 和 5C06 构成谐振回路，该谐振回路调谐在中频信号频率（$f_I = f_L - f_s$）上。本实验中频信号频率 f_I 为 2.5 MHz，由于输入信号频率 f_s 为 6.3 MHz，因此本振频率 f_L 为 8.8 MHz，即 $f_L = f_I + f_s = 2.5\,\text{MHz} + 6.3\,\text{MHz} = 8.8\,\text{MHz}$。谐振回路选出的中频信号经 5C07 耦合，由 5P03 铆孔输出。图 2.17 中电位器 5W01 用来调整三极管静态工作点。

2. 由 MC1496 集成电路构成的混频器

图 2.18 为集成乘法器幅度解调及混频电路图，该电路图由一片 MC1496 集成块构成两个实验电路，即幅度解调电路和混频电路，本节我们只讨论混频电路。MC1496 是一种四象限模拟相乘器（我们通常把它叫作乘法器）图 2.18 中，9P01 为本振信号 u_L 的输入铆孔，9TP01 为本振信号 u_L 测试点。本振信号 u_L 经 9C01 从乘法器的一个输入端（10 脚）输入。9P02 为射频信号输入铆孔，9TP02 为射频信号测试点。射频信号电压 u_s 从乘法器的另一个输入端（1 脚）输入，混频后的中频（$f_I = f_L - f_s$）信号由乘法器输出端（12 脚）输出。输出端的带通滤波器由 9L01、9C09 和 9C10 组成，带通滤波器必须调谐在中频信号频率 f_I 上，本实验的中频信号频率 f_I 为 2.5 MHz。如果输入的射频信号频率 f_s 为 6.3 MHz，则本振频率 f_L 为 8.8 MHz。由于中频固定不变，当射频信号频率 f_s 改变时，本振频率 f_L 也应跟着改变。因为乘法器（12 脚）输出的频率成分很多，经带通滤波器滤波后，只选出我们所需要的中频信号频率（2.5 MHz），其他频率成分被滤波器滤除掉了。三极管 9VT01 为发射极跟随器，它的作用是提高本级带负载的能力。带通滤波器选出的中频信号，经发射极跟随器后由 9P04 输出，9TP04 为混频器输出信号的测量点。

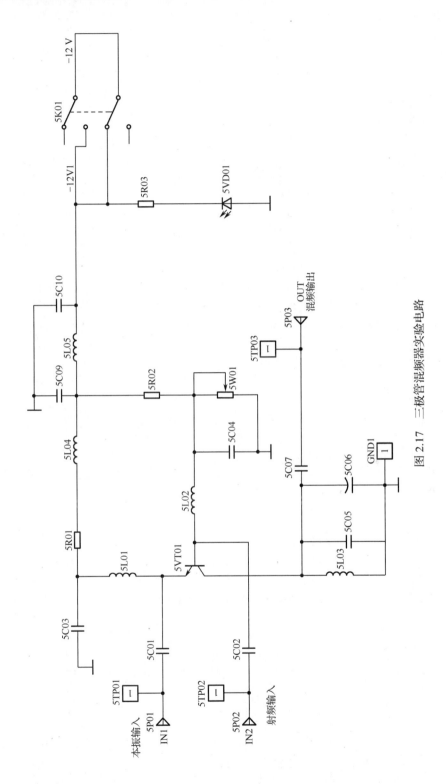

图 2.17　三极管混频器实验电路

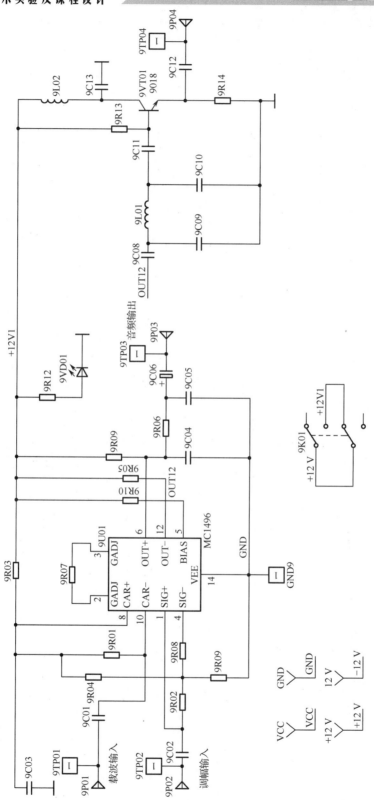

图 2.18 集成乘法器幅度解调及混频电路图

2.4.5　实验步骤

1. 实验准备

将集成乘法器混频模块（见图 2.19）、三极管混频器模块、LC 振荡器与晶体振荡器模块插入实验箱底板，接通实验箱与各模块电源。

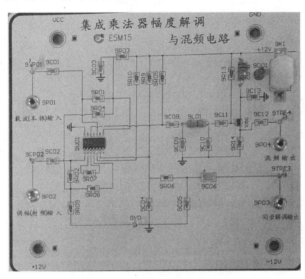

图 2.19　集成乘法器混频模块

2. 中频信号频率的观测

1）三极管混频器

将 LC 振荡器输出的频率为 8.8 MHz 或晶体振荡器输出的频率为 8.8 MHz（峰-峰值>1.5 V）的高频正弦波信号，作为本实验的本振信号，接入三极管混频器的一个输入端（5P01），三极管混频器的另一个输入端（5P02）接高频信号源的输出信号（频率为6.3 MHz，峰-峰值为 0.8 V）。用示波器观测 5TP01、5TP02、5TP03，用频率计测量其频率，并计算各频率是否符合 $f_I = f_L - f_s$。当改变高频信号源的输出信号的频率时，5TP03 的波形有何变化，为什么？

2）集成乘法器混频器

将 LC 振荡器输出的频率为 8.8 MHz 或晶体振荡器输出的频率为 8.8 MHz（峰-峰值约为1.5 V）的高频正弦波信号，作为本实验的本振信号，接入集成乘法器混频器的一个输入端（9P01）。将高频信号源输出的频率为 6.3 MHz、峰-峰值约为 0.8 V 的 AM 信号，作为射频信号输入集成乘法器混频器的另一个输入端（9P02）。用示波器观测 9TP01、9TP02、9TP04的波形，用频率计测量 9TP01、9TP02、9TP04 的频率，并计算各频率是否符合 $f_I = f_L - f_s$。当改变高频信号源的输出信号的频率时，9TP04 的波形有何变化，为什么？

3. 射频信号为调幅波时混频的输出波形观测

将射频信号（高频已调信号）设置为 1 kHz 调制信号，将载波频率为 6.3 MHz 的 AM 调幅波，作为本实验的射频信号输入，本振信号频率 f_L 仍为 8.8 MHz，用示波器分别观察三极管混频器和集成乘法器混频器输入波形、输出波形，特别注意观察三极管混频器的 5TP02 和 5TP03，以及集成乘法器混频器的 9TP02 和 9TP04 的波形的包络是否一致。

2.4.6 实验报告要求

（1）根据观测结果，绘制所测各点波形图，并做分析。
（2）归纳并总结信号混频的过程。

实验 2.5 振幅调制性能测试

2.5.1 实验目的

（1）通过实验了解振幅调制的工作原理。
（2）掌握用 MC1496 集成模拟乘法器来获得 AM 信号和 DSB 信号的方法，并研究已调波、调制信号与载波之间的关系。
（3）掌握用示波器测量调幅系数的方法。

2.5.2 实验内容

（1）MC1496 集成模拟乘法器的输入失调电压调节。
（2）用示波器观察普通调幅（AM）波的波形，并测量其调幅系数。
（3）用示波器观察平衡调幅（DSB）波的波形。
（4）用示波器观察调制信号分别为方波、三角波的调幅波。

2.5.3 实验原理

振幅调制就是用低频调制信号去控制高频载波信号的振幅，使载波的振幅随调制信号成正比地变化。经过振幅调制的高频载波称为振幅调制波（简称调幅波）。调幅波有普通调幅（AM）波、抑制载波的双边带调幅（DSB）波和抑制载波的单边带调幅（SSB）波 3 种。

1. 普通调幅（AM）波

1）调幅波的表达式、波形
设调制信号为单一频率的余弦波：

$$u_\Omega(t) = U_{\Omega m}\cos\Omega t = U_{\Omega m}\cos 2\pi Ft \qquad (2.5.1)$$

载波信号为

$$u_c(t) = U_{cm}\cos\omega_c t = U_{cm}\cos 2\pi f_c t \qquad (2.5.2)$$

为了简化分析，设载波信号和调制信号的波形的初相角均为零，因为 AM 调幅波的振幅和调制信号成正比，由此可得 AM 调幅波的振幅为

$$u_{AM}(t) = U_{cm} + k_a U_{\Omega m}\cos\Omega t$$

$$= U_{cm}\left(1 + k_a\frac{U_{\Omega m}}{U_{cm}}\cos\Omega t\right)$$

$$= U_{cm}\left(1 + m_a\cos\Omega t\right) \qquad (2.5.3)$$

式中，$m_a = k_a \dfrac{U_{\Omega m}}{U_{cm}}$，$m_a$ 称为调幅系数或调幅度，表示载波振幅受调制信号的控制程度；k_a 为由调制电路决定的比例常数。

由于实现振幅调制后载波频率保持不变，因此已调波的表达式为

$$u_{AM}(t) = U_{AM}(t)\cos\omega_c t = U_{cm}(1 + m_a\cos\Omega)\cos\omega_c t \qquad (2.5.4)$$

可见，调幅波也是一个高频信号，而它的振幅变化规律（包络变化）是与调制信号完全一致的，因此调幅波携带着原调制信号的信息。由于调幅系数 m_a 与调制信号的振幅 $U_{\Omega m}$ 成正比，即当调幅系数 $m_a \leqslant 1$ 时，调制信号的振幅 $U_{\Omega m}$ 越大，调幅系数 m_a 越大，调幅波幅度变化越大。如果调幅系数 $m_a > 1$，则调幅波产生失真，这种情况称为过调幅，在实际工作中应该避免产生过调幅。调幅波的波形如图 2.20 所示。

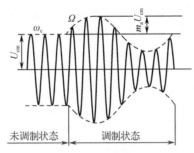

图 2.20　调幅波的波形

2）调幅波的频谱

将式（2.5.4）展开得

$$u_{AM}(t) = U_{cm}\cos\omega_c t + \frac{1}{2}m_a U_{cm}\cos(\omega_c + \Omega)t + \frac{1}{2}m_a U_{cm}\cos(\omega_c - \Omega)t \qquad (2.5.5)$$

可见，用单音频信号调制后的已调波，由三个高频分量组成，除角频率为 ω_c 的载波分量外，还有 $(\omega_c + \Omega)$ 和 $(\omega_c - \Omega)$ 这两个新角频率分量。其中一个分量比 ω_c 高，称为上边频分量；另一个分量比 ω_c 低，称为下边频分量。载波分量的振幅仍为 U_{cm}，而两个边频分量的振幅均为 $\frac{1}{2}m_a U_{cm}$。因为 m_a 的最大值只能等于 1，所以边频分量的振幅的最大值不能超过 $\frac{1}{2}U_{cm}$，将这三个高频分量用图画出，便可得到如图 2.21 所示的频谱图，在这个图上，调幅波的每一个正弦分量用一个线段表示，线段的长度代表幅度，线段在横轴上的位置代表角频率。

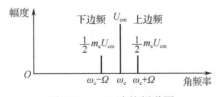

图 2.21　AM 波的频谱图

以上分析表明，调幅的过程就是在频谱上将低频调制信号搬移到高频载波分量两侧的过程。

2. 抑制载波的双边带调幅（DSB）波

由于载波不携带信息，因此，为了节省发射功率，可以只发射含有信息的上、下两个边带，而不发射载波，这种调制方式称为抑制载波的双边带调幅，简称双边带调幅，用 DSB 表示。可将调制信号 $u_\Omega(t)$ 和载波信号 $u_c(t)$，直接加到乘法器或平衡调幅器电路得到 DSB 信号：

$$u_{DSB}(t) = Au_\Omega u_c = AU_{\Omega m}\cos\Omega t U_{cm}\cos\omega_c t$$

$$= \frac{1}{2}AU_{\Omega m}U_{cm}[\cos(\omega_c + \Omega)t + \cos(\omega_c - \Omega)t] \quad (2.5.6)$$

式中，A 为由调幅电路决定的系数；$AU_{\Omega m}U_{cm}\cos\Omega t$ 是双边带高频信号的振幅，它与调制信号的振幅成正比。

高频信号的振幅按调制信号的规律变化，不是在 U_{cm} 的基础上，而是在零值的基础上变化，可正可负。因此，当调制信号从正半周进入负半周的瞬间（调幅包络线过零点时），相应高频振荡的相位发生 180° 的突变。DSB 调制信号及调幅波如图 2.22 所示，DSB 波的频谱图如图 2.23 所示。由图 2.22 可知，DSB 波的包络已不再反映调制信号的变化规律。

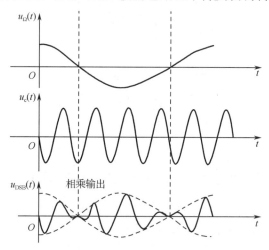

图 2.22　DSB 的调制信号及调幅波

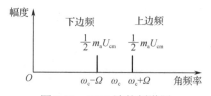

图 2.23　DSB 波的频谱图

由以上讨论可以看出，DSB 调制信号有如下特点。

（1）DSB 调制信号的幅值仍随调制信号的变化而变化，与 AM 波不同，DSB 波的包络不再反映调制信号的形状，但仍保持着调幅波频谱搬移的特征。

（2）在 DSB 调制信号的正负半周，载波的相位反相，即高频振荡的相位在 $f(t) = 0$ 瞬间有 180° 的突变。

（3）DSB 调制信号仍集中在载频 ω_c 附近，所占频带为

$$B_{DSB} = 2F_{max} \quad (2.5.7)$$

由于 DSB 调制抑制了载波，因此输出信号是有用信号，DSB 比 AM 经济，但在频带利用率上没有什么改进。为进一步节省发送功率，减小频带宽度，提高频带利用率，下面介绍单边带传输方式。

3. 抑制载波单边带调幅（SSB）波

进一步观察 DSB 波的频谱结构发现，上边带和下边带都反映了调制信号的频谱结构，因此它们都含有调制信号的全部信息。从传输信息的观点来看，可以进一步把其中的一个边带抑制掉，只保留一个边带（上边带或下边带）。这不但可以进一步节省发送功率，而且可减小一半的频带宽度，这对于波道特别拥挤的短波通信是很有利的。这种既抑制载波又只传送一个边带的调制方式，称为抑制载波单边带调幅，简称单边带调幅，用 SSB 表示。

获得 SSB 信号常用方法有滤波法和移相法，现简述采用滤波法获得 SSB 信号的方法。调制信号 $u_\Omega(t)$ 和载波信号 $u_c(t)$ 经乘法器（或平衡调幅器）获得抑制载波的 DSB 信号，再通过带通滤波器滤除 DSB 信号中的一个边带（上边带或下边带），便可获得 SSB 信号。当带通滤波器的通带位于载频以上时，提取上边带，反之提取下边带。

由此可知，滤波法的关键是高频带通滤波器。高频带通滤波器必须具备以下特性：对于要求滤除的边带信号应有很强的抑制能力，而对于要求保留的边带信号应使其不失真地通过。这就要求高频带通滤波器在载频处具有非常陡峭的滤波特性。用滤波法获得 SSB 信号的数学模型如图 2.24 所示。

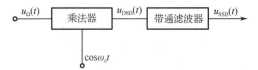

图 2.24　用滤波法获得 SSB 信号的数学模型

由式（2.5.6）可知，DSB 信号：

$$u_{DSB}(t) = Au_\Omega u_c = AU_{\Omega m}\cos\Omega t\, U_{cm}\cos\omega_c t$$

$$= \frac{1}{2}AU_{\Omega m}U_{cm}[\cos(\omega_c + \Omega)t + \cos(\omega_c - \Omega)t] \tag{2.5.8}$$

通过带通滤波器后，就可得到上边带或下边带。

下边带信号：

$$u_{SSBL}(t) = \frac{1}{2}AU_{\Omega m}U_{cm}\cos(\omega_c - \Omega)t \tag{2.5.9}$$

上边带信号：

$$u_{SSBH}(t) = \frac{1}{2}AU_{\Omega m}U_{cm}\cos(\omega_c + \Omega)t \tag{2.5.10}$$

由式（2.5.9）和式（2.5.10）可以看出，SSB 信号的振幅与调制信号振幅 $U_{\Omega m}$ 成正比，SSB 信号的频率随调制信号的频率不同而不同。

2.5.4　实验电路

由于集成电路的发展，集成模拟乘法器得到广泛的应用，本实验采用 MC1496 集成模拟乘法器来实现调幅的功能。

1. MC1496 集成模拟乘法器的基本功能

MC1496 集成模拟乘法器是一种四象限模拟乘法器,其内部电路及外部连接如图 2.25 所示。由图 2.25 可知,电路中采用了以反极性方式连接的两组差分对电路(U_1 和 U_2、U_3 和 U_4),且这两组差分对电路的恒流源管(U_5、U_6)又组成了一个差分对电路,因而 MC1496 集成模拟乘法器亦称为双差分对模拟乘法器。其典型用法是在 8、10 端间接一路输入(称为上输入 u_1),1、4 端间接另一路输入(称为下输入 u_2),6、12 端分别经由集电极电阻 R_c(8R03)接到正电源(+12V)上,并从 6、12 端间取输出 u_o。

2、3 端间接负反馈电阻 R_t(8R08)。5 端到地之间接电阻 R_b(8R09),它决定了恒流源电流(I_7、I_8)的数值,典型值为 6.8 kΩ。14 端接负电源(−8V)。7、9、11、13 端悬空不用。由于两路的上输入 u_1、下输入 u_2 的极性皆可取正或负,因而称 MC1496 集成模拟乘法器为四象限模拟乘法器。可以证明:

$$u_o = \frac{2R_c}{R_t} u_2 \cdot \text{th}\left(\frac{u_1}{2u_T}\right) \tag{2.5.11}$$

因而,仅当上输入满足 $u_1 \leqslant u_T (26\,\text{mV})$ 时,方有:

$$u_o = \frac{R_c}{R_t u_T} u_1 . u_2 \tag{2.5.12}$$

这时才是真正的集成模拟乘法器,本实验即此例。

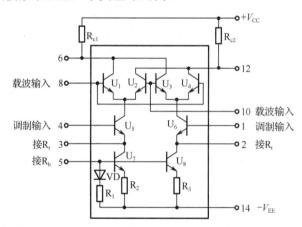

图 2.25 MC1496 集成模拟乘法器内部电路及外部连接

2. 用 MC1496 集成模拟乘法器组成的调幅器实验电路

用 MC1496 集成模拟乘法器组成的调幅器实验电路如图 2.26 所示。8W01 用来调节 1、4 端之间的平衡,8W02 用来调节 8、10 端之间的平衡。开关 8K01 控制 1 端是否接入直流电压,当开关 8K01 置"ON"时,MC1496 集成模拟乘法器的 1 端接入直流电压,其输出为正常调幅波(AM 波),调整 8W03,可改变调幅波的调幅系数。当开关 8K01 置"OFF"时,其输出为平衡调幅波(DSB 波)。三极管 8VT01 为射极跟随器,以提高调幅器的带负载能力。

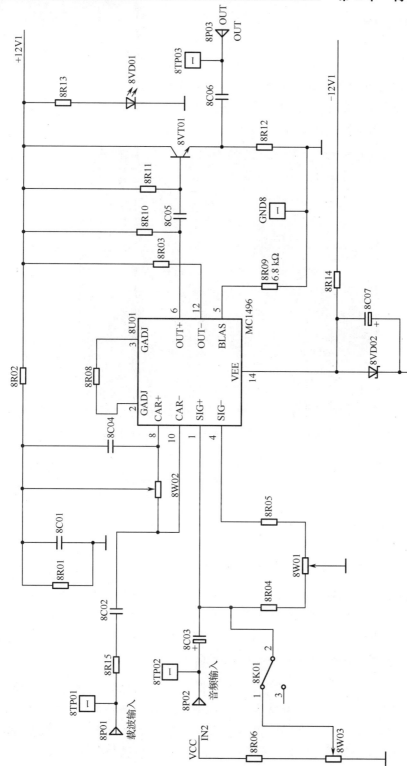

图 2.26　用 MC1496 集成模拟乘法器组成的调幅器实验电路

2.5.5 实验步骤

1. 实验准备

1）在实验箱主板上插调制电路模块

在实验箱主板上插上集成乘法器幅度调制电路模块（见图 2.27）。接通实验箱上的电源开关，按下模块上的开关 8K01，此时电源指示灯亮。

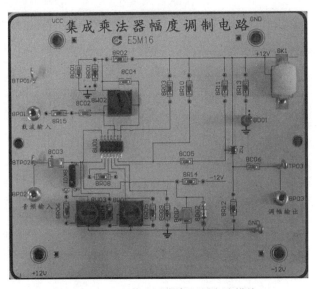

图 2.27　集成乘法器幅度调制电路模块

2）调制信号源

采用低频信号源中的函数发生器，其参数如下（示波器监测）。

（1）频率范围：1 kHz。

（2）波形选择：正弦波。

（3）幅度（峰-峰值）：300 mV。

3）载波源

采用高频信号源，其参数如下。

（1）工作频率：2 MHz，用频率计测量（也可采用其他频率）。

（2）幅度（峰-峰值）：200 mV，用示波器观测。

2. 输入失调电压的调整（交流馈通电压的调整）

集成模拟乘法器在使用之前必须进行输入失调调零，也就是要进行交流馈通电压的调整，其目的是将集成模拟乘法器调整为平衡状态。因此在调整前必须将开关 8K01 置"OFF"（往下拨），以切断其直流电压。交流馈通电压指的是乘法器的一个输入端加上信号电压，而另一个输入端不加信号电压时的输出电压，输出电压越小越好。

1）载波输入端输入失调电压调节

把调制信号源输出的音频调制信号加到音频输入端（8P02），而载波输入端（8P01）不

加信号。用示波器监测集成模拟乘法器输出端（8TP03）的输出波形，调节电位器 8W02，使集成模拟乘法器输出端（8TP03）的输出信号（称为调制输入端馈通误差）最小。

2）调制输入端输入失调电压调节

把载波源输出的载波信号加到载波输入端（8P01），而音频输入端不加信号。用示波器监测集成模拟乘法器输出端（8TP03）的输出波形。调节电位器 8W01，使集成模拟乘法器输出端（8TP03）的输出信号（称为载波输入端馈通误差）最小。

3. DSB 波形观察

因为在载波输入端、音频输入端已进行输入失调电压调节（对应于电位器 8W02、8W01 调节的基础上），所以可对 DSB 波进行测量。

1）DSB 波形观察

将高频信号源输出的载波信号接入载波输入端（8P01），低频调制信号接入音频输入端（8P02）。

示波器的 CH1 接调制信号（可用带"钩"的探头接到 8TP02 上），示波器的 CH2 接调幅输出端（8P03），即可观察到调制信号及其对应的 DSB 波形，DSB 波形如图 2.28 所示，如果观察到 DSB 波形不对称，应微调电位器 8W01。

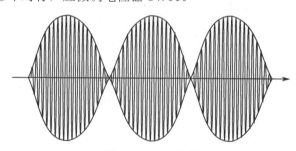

图 2.28　DSB 波形

2）DSB 波的反相点观察

为了清楚地观察 DSB 波过零点的反相，必须降低载波的频率。本实验可将载波频率降低为 100 kHz（如果是 DDS 高频信号源可直接调至 100 kHz；如果是其他信号源，须另配 100 kHz 的函数信号发生器），幅度仍为 200 mV。调制信号仍为 1 kHz（幅度为 300 mV）。

增大示波器 X 轴扫描速率，仔细观察调制信号过零点时刻所对应的 DSB 波。过零点时刻的波形应该反相，如图 2.29 所示。

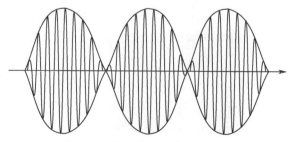

图 2.29　过零点时刻的 DSB 波形

3）DSB 波形与载波波形的相位比较

在高频振荡器的基础上，将示波器的 CH1 改接 8TP01，把调制器的输入载波波形与输出 DSB 波形的相位进行比较，可发现在调制信号正半周期间，两者同相；在调制信号负半周期间，两者反相。

4. SSB 波形观察

单边带是将抑制载波的双边带通过边带滤波器滤除一个边带而得到的。本实验利用滤波与计数鉴频模块中的带通滤波器作为边带滤波器，该滤波器的中心频率约为 1100 kHz，通频带约为 12 kHz。为了利用该带通滤波器取出上边带而抑制下边带，双边带的载波频率应取 104 kHz。具体操作方法如下：

将载波频率为 104 kHz、幅度为 300 mV 的正弦波接入载波输入端（8P01），将频率为 6 kHz、幅度为 300 mV 的正弦波接入音频输入端（8P02）。按照 DSB 的调试方法得到 DSB 波形。将调幅输出端（8P03）连接到滤波与计数鉴频模块中的带通滤波器输入端（15P05），用示波器测量带通滤波器输出端（15P06），即可观察到 SSB 波形。在本实验中，正常的 SSB 波形应为 110 kHz 的等幅波形，但由于带通滤波器通频带较宽，下边带不可能完全被抑制，因此，其输出波形不完全是等幅波。

5. AM 波形观察

1）正常 AM 波形（不失真）观察

在保持输入失调电压调节的基础上，将开关 8K01 置"ON"（往上拨），即转为正常调幅状态。载波频率仍设置为 2 MHz（幅度为 200 mV），调制信号频率设置为 1 kHz（幅度为 300 mV）。将示波器的 CH1 接 8TP02、示波器的 CH2 接 8TP03，即可观察到正常时的 AM 波形，如图 2.30 所示。

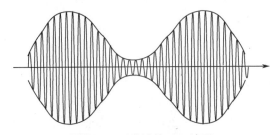

图 2.30　正常时的 AM 波形

调整电位器 8W03，可以改变调幅波的调幅系数。在观察输出波形时，改变音频调制信号的频率及幅度，输出波形应随之变化。图 2.31 为用示波器测出的正常 AM 波形（不失真）。

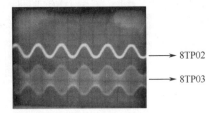

图 2.31　用示波器测出的正常 AM 波形（不失真）

2）不对称调幅系数的 AM 波形观察

在 AM 正常波形调整的基础上，改变电位器 8W02，观察调幅系数不对称的情形。图 2.32 为用示波器测出的不对称 AM 波形。

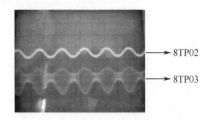

图 2.32　用示波器测出的不对称 AM 波形

3）过调制时的 AM 波形观察

在上述实验的基础上，即载波频率为 2 MHz（幅度为 200 mV），音频调制信号频率为 1 kHz（幅度为 300 mV），将示波器的 CH1 接 8TP02、CH2 接 8TP03。调整电位器 8W03 使调幅系数为 100%，然后增大音频调制信号的幅度，观察过调制时 AM 波形，并与调制信号波形做比较。图 2.33 为调幅系数为 100% 的 AM 波形和过调制的 AM 波形。

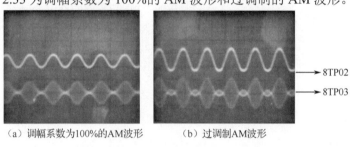

（a）调幅系数为100%的AM波形　　　（b）过调制AM波形

图 2.33　调幅系数为 100% 的 AM 波形和过调制 AM 波形

4）增大载波幅度时的调幅波观察

保持调制信号输入大小不变，逐步增大载波幅度，并观察输出已调波。可以发现，当载波幅度增大到某值时，已调波形开始有失真；而当载波幅度继续增大时，已调波形包络出现模糊。最后又把载波幅度复原（200 mV）。

5）调制信号为三角波和方波时的调幅波观察

保持载波源输出不变，把调制信号源输出的调制信号改为三角波（峰-峰值为 200 mV）或方波（峰-峰值为 200 mV），并改变其频率，观察已调波形的变化，调整电位器 8W03，观察输出波形调幅系数的变化。调制信号为三角波时的调幅波形如图 2.34 所示。

6. 调幅系数 m_a 的测试

我们可以通过直接测量调制包络来测出调幅系数 m_a。将被测的调幅信号加到示波器的 CH1 或 CH2，并使其同步。调节时间旋钮使示波器显示屏显示几个周期的调幅波形，如图 2.35 所示。根据 m_a 的定义，测出 A、B，即可得到 m_a，其中 A、B 分别指波形垂直方向最大长度和最小长度。

$$m_a = \frac{A - B}{A + B} \times 100\% \qquad (2.5.13)$$

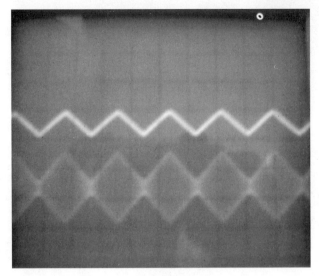

图 2.34 调制信号为三角波时的调幅波形

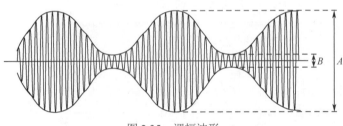

图 2.35 调幅波形

2.5.6 实验报告要求

（1）整理按实验步骤所得数据，绘制记录的波形，并做出相应的结论。

（2）画出 DSB 波形和 $m_a = 100\%$ 时的 AM 波形，并比较两者的区别。

（3）总结本实验所获得的体会。

实验 2.6 振幅解调性能测试

2.6.1 实验目的

（1）掌握用包络检波器实现 AM 波解调的方法；了解滤波电容数值对 AM 波解调的影响。

（2）理解包络检波器只能解调 $m_a \leqslant 100\%$ 的 AM 波，而不能解调 $m_a > 100\%$ 的 AM 波及 DSB 波的原因。

（3）掌握用 MC1496 集成模拟乘法器组成的同步检波器来实现 AM 波和 DSB 波解调的方法。

（4）理解同步检波器解调各种 AM 波及 DSB 波的原理。

2.6.2　实验内容

（1）用示波器观察包络检波器解调 AM 波、DSB 波时的性能。

（2）用示波器观察同步检波器解调 AM 波、DSB 波时的性能。

（3）用示波器观察 AM 波解调中的对角线切割失真和底部切割失真的现象。

2.6.3　实验原理

1．AM 波的解调

振幅调制的解调被称为检波，其作用是从调幅波中不失真地检出调制信号。由于 AM 波的包络反映了调制信号的变化规律，因此常用非相干解调方法。非相干解调有两种方式，即小信号平方律检波和大信号包络检波。本节我们只介绍大信号包络检波。

1）大信号检波基本工作原理

大信号检波电路与小信号检波电路基本相同。由于大信号检波输入信号电压幅值一般在 500 mV 以上，检波器的静态偏置就变得无关紧要了。下面以如图 2.36 所示的大信号检波电路为例进行分析。

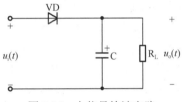

图 2.36　大信号检波电路

图 2.37 表明了大信号检波的工作原理。当输入信号 $u_i(t)$ 为正并大于 C 和 R_L 上的 $u_o(t)$ 时，二极管导通，信号通过二极管向 C 充电，此时 $u_o(t)$ 随充电电压上升而升高。当 $u_i(t)$ 下降且小于 $u_o(t)$ 时，二极管反向截止，此时停止向 C 充电，$u_o(t)$ 通过 R_L 放电，$u_o(t)$ 随放电而下降。

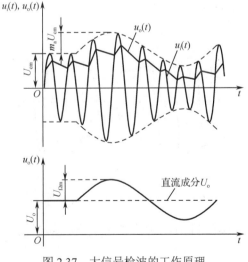

图 2.37　大信号检波的工作原理

充电时，二极管的正向电阻 r_D 较小，充电较快。$u_o(t)$ 以接近 $u_i(t)$ 的上升速率升高。放电时，因电阻 R_L 比 r_D 大得多（通常 R_L 为 5～10 kΩ），放电慢，故 $u_o(t)$ 的波动小，并保证基本上接近于 $u_i(t)$ 的幅值。

如果输入信号 $u_i(t)$ 是高频等幅波，则输出信号 $u_o(t)$ 是大小为 U_o 的直流电压（忽略了少量的高频成分），这正是带有滤波电容的整流电路。

当输入信号的幅度增大或减少时，检波器输出电压也将随之近似成比例地升高或降低；当输入信号为调幅波时，检波器输出电压就随着调幅波的包络线而变化，从而获得调制信号，完成检波作用。由于输出电压的大小与输入电压的峰值接近相等，故把这种检波器称为峰值包络检波器。

2）检波失真

检波输出可能产生如下三种失真：第一种是由于检波二极管伏安特性弯曲引起的失真；第二种是由于滤波电容放电过慢引起的失真，它叫作对角线切割失真（又叫作对角线失真、放电失真、惰性失真）；第三种是由于输出耦合电容上所充的直流电压引起的失真，这种失真叫作负峰切割失真（又叫作底部切割失真）。其中，第一种失真主要存在于小信号检波器中，并且是小信号检波器中不可避免的失真，对于大信号检波器来说，这种失真影响不大，主要是后两种失真，下面分别进行讨论。

（1）对角线切割失真：在正常情况下，滤波电容每一周充放电一次，每次充到接近包络线的电压，使检波输出基本能跟上包络线的变化。滤波电容的放电规律是按指数曲线进行的，时间常数为 $R_L C$。如果 $R_L C$ 很大，则放电很慢，可能在随后的若干高频周期内，包络线电压虽已下降，但滤波电容上的电压还大于包络线电压，这就使二极管反向截止，失去检波作用，直到包络线电压再次升到超过滤波电容上的电压时，才恢复其检波功能。在二极管截止期间，检波输出波形是滤波电容的放电波形，呈倾斜的对角线形状，如图 2.38 所示，故叫作对角线切割失真，也叫作放电失真。放电愈慢或包络线下降愈快，则越易发生对角线切割失真。

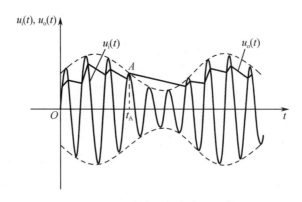

图 2.38 对角线切割失真波形图

（2）底部切割失真：在接收机中，检波器输出耦合到下级的电容很大（5～10 μF），图 2.39 中的 C_1 为耦合电容。

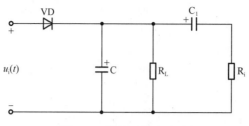

图 2.39　检波及输出电路

对检波器输出的直流而言，耦合电容 C_1 上充有一个直流电压 U_o。如果输入信号 $u_i(t)$ 的调幅系数很大，以致在一部分时间内其幅值比耦合电容 C_1 上的电压 U_o 还小，那么在此期间内，二极管将处于反向截止状态，产生失真。此时耦合电容 C_1 上电压等于 U_o，故表现为输出波形中的底部被切去。底部切割失真波形图如图 2.40 所示。

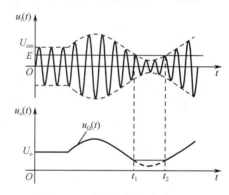

图 2.40　底部切割失真波形图

2. 抑制载波调幅波的解调电路

包络检波器只能解调 AM 波，而不能解调 DSB 波和 SSB 波。这是由于后两种已调波的包络并不反映调制信号的变化规律，因此，抑制载波调幅波的解调必须采用同步检波电路，最常用的是乘积型同步检波电路。

乘积型同步检波器的组成方框图如图 2.41 所示。乘积型同步检波器与普通包络检波器的区别就在于接收端还必须提供一个同步参考信号 $u_r(t)$，而且要求它是与发送端的载波信号同频、同相的同步信号。这个外加的本地同步参考信号 $u_r(t)$ 与接收端输入的调幅信号 $u_i(t)$ 相乘，可以产生原调制信号分量和其他谐波组合分量，经低通滤波器后，就可解调出原调制信号。

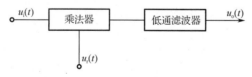

图 2.41　乘积型同步检波器的组成方框图

乘积型同步检波电路可以利用二极管环形调制器来实现。环形调制器既可用作调幅又可用作解调。利用模拟乘法器构成的抑制载波调幅波的解调电路如图 2.42 所示。

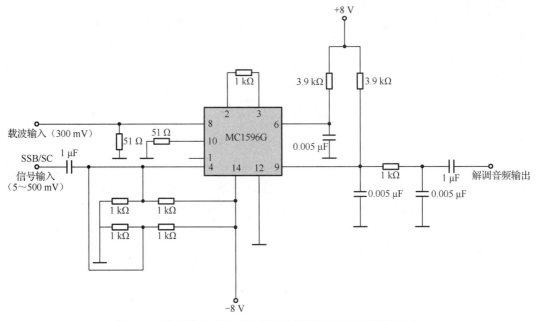

图 2.42 利用模拟乘法器构成的抑制载波调幅波的解调电路

2.6.4 实验电路

1. 二极管包络检波

　　二极管包络检波器是包络检波器中最简单、最常用的一种检波电路。二极管包络检波器适合于解调信号电平较大（俗称大信号，通常要求峰-峰值为 1.5 V 以上）的 AM 波。二极管包络检波器具有电路简单、检波线性好、易于实现等优点。本实验电路主要包括二极管、RC 低通滤波器和低频放大部分，如图 2.43 所示。

　　图 2.43 中，10VD01 为检波管，10C02、10R08、10C07 构成 RC 低通滤波器，10R01、10W01 为二极管检波直流负载，10W01 用来调节直流负载大小，10R02 与 10W02 串联构成二极管检波交流负载，10W02 用来调节交流负载大小。开关 10K01 是为二极管检波交流负载的接入与断开而设置的，10K01 置"ON"，接入交流负载，开关 10K01 置"OFF"，断开交流负载。开关 10K02 控制着检波器是接入交流负载还是接入后级低频放大器。开关 10K02 拨至左侧时，接交流负载；开关 10K02 拨至右侧时，接后级低频放大器。当检波器构成系统时，需与后级低频放大器接通。10VT01、10VT02 对检波后的音频进行放大，放大后音频信号由 10P02 输出。因此，开关 10K02 可控制音频信号是否输出，调节 10W03 可调整输出信号幅度。图 2.43 中，利用二极管的单向导电性使电路的充放电时间常数不同（实际上，相差很大）来实现检波，所以充放电时间常数的选择很重要。若充放电时间常数过大，则会产生对角线切割失真；若充放电时间常数太小，则高频分量会滤除不干净。综合考虑要求满足下式：

$$RC\Omega \leqslant \frac{\sqrt{1-m_a^2}}{m_a} \qquad (2.6.1)$$

式中，m_a 为调幅系数；Ω 为调制信号角频率。

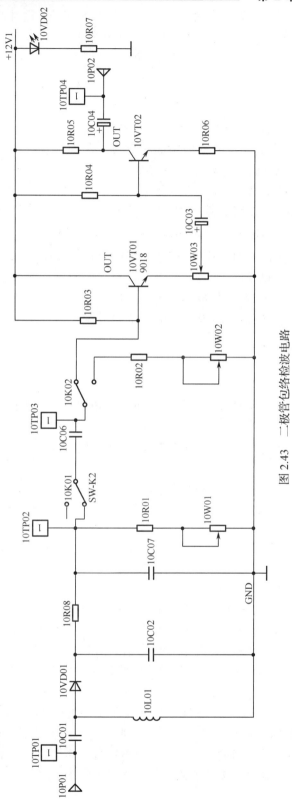

图 2.43　二极管包络检波电路

当检波器的直流负载电阻 R 与交流音频负载电阻 R_Ω 不相等，而且调幅系数 m_a 又相当大时，会产生底部切割失真，为了保证不产生底部切割失真应满足：

$$m_a < \frac{R_\Omega}{R} \tag{2.6.2}$$

2. 同步检波

同步检波又称相干检波。它利用与已调幅波的载波同步（同频、同相）的一个恢复载波与已调幅波相乘，再用低通滤波器滤除高频分量，从而解调出调制信号。本实验采用 MC1496 集成电路来组成解调器，如图 2.44 所示。该电路利用一片 MC1496 集成块构成两个实验电路，即幅度解调电路和混频电路，混频电路在 2.4.4 节中介绍，本节介绍幅度解调电路。恢复载波 u_c 先加到载波输入端 9P01 上，再经过电容 9C01 加在 8 脚、10 脚之间。已调幅波 u_{amp} 先加到调幅输入端 9P02 上，再经过电容 9C02 加在 1 脚、4 脚之间。相乘后的信号由 6 脚输出，再经过由 9C04、9C05、9C06 组成的 II 型低通滤波器滤除高频分量后，在音频输出端 9P03 提取出调制信号。

需要指出的是，对 MC1496 集成电路采用了单电源（+12 V）供电，因此 14 脚需接地，且其他的引脚亦应偏置相应的正电位，如图 2.44 中所示。

2.6.5 实验步骤

1. 实验准备

（1）选择好需要做实验的模块：乘法器幅度调制电路、二极管检波器、乘法器幅度解调电路。

（2）接通实验板的电源开关，相应电源指示灯亮，表示已接通电源，即可开始实验。

需要注意的是，本实验仍需重复振幅调制实验中的部分内容，先产生调幅波，再供这里解调之用。

2. 二极管包络检波

1）AM 波的解调

（1）$m_a = 30\%$ 的 AM 波的解调。

① AM 波的获得：通过前面的振幅调制实验获得 AM 波，高频实验箱上的低频信号源或函数信号发生器作为调制信号源[输出幅度（峰-峰值）为 300 mV、频率为 1 kHz 正弦波]，以高频信号源作为载波源[输出幅度（峰-峰值）为 200 mV、频率为 2 kHz 的正弦波]，调节电位器 8W03，便可从幅度调制电路单元上输出 $m_a = 30\%$ 的 AM 波，输出信号幅度（峰-峰值）至少应为 0.8 V。

② AM 波的包络检波器解调：先断开检波器交流负载（10K01=OFF），把上面得到的 AM 波加到 10P01，即可用示波器在 10TP02 点观察到包络检波器的输出，并记录输出波形。为了更好地观察包络检波器的解调性能，可将示波器的 CH1 接 10TP01，将示波器的 CH2 接 10TP02（下同）。调节直流负载的大小（调节 10W01），得到一个不失真的解调输出信号，画出波形。

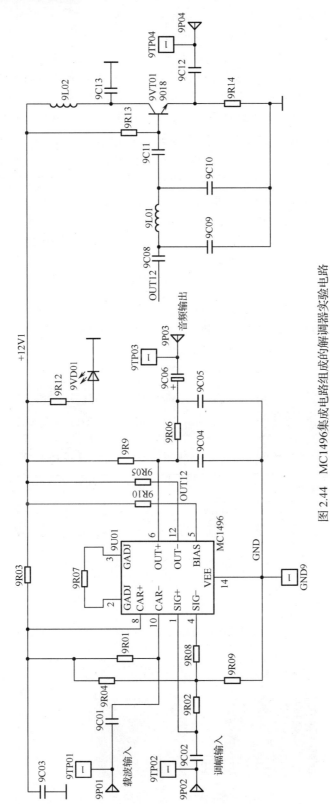

图 2.44　MC1496 集成电路组成的解调器实验电路

③ 观察对角线切割失真：保持以上输出，调节直流负载（调节 10W01），使输出产生对角线切割失真，如果失真不明显可以加大调幅系数（调节 8W03），画出其波形，并计算此时的 m_a。

④ 观察底部切割失真：当交流负载未接入时，先调节 10W01 使解调信号不失真。然后接通交流负载（将开关 10K01 拨至"ON"，将开关 10K02 拨至左侧），将示波器的 CH2 接 10TP03。调节交流负载的大小（调节 10W02），使解调信号出现底部切割失真，如果失真不明显，可加大调幅系数（增大音频调制信号幅度），画出其相应的波形，并计算此时的 m_a。当出现底部切割失真后，减小 m_a（减小音频调制信号幅度）使失真消失，并计算此时的 m_a。在解调信号不失真的情况下，将开关 10K02 拨至右侧，将示波器的 CH2 接 10TP04，可观察到放大后的音频信号，调节 10W03 音频调制信号幅度会发生变化。

（2）$m_a = 100\%$ 的 AM 波的解调。调节 8W03，使 $m_a = 100\%$，观察并记录检波器输出波形。

（3）$m_a > 100\%$ 的 AM 波的解调。加大音频调制信号幅度，使 $m_a > 100\%$，观察并记录检波器输出波形。

（4）调制信号为三角波和方波的解调。在上述情况下，恢复 $m_a > 30\%$，调节 10W01 和 10W02，使解调输出波形不失真。然后将低频信号源的调制信号改为三角波和方波，即可在检波器输出端（10TP02、10TP03、10TP04）观察到与调制信号相对应的波形，调节音频信号的频率，其波形也随之变化。观察并记录检波器输出波形。

实际观察到的各种调幅系数的解调波形如图 2.45 所示。

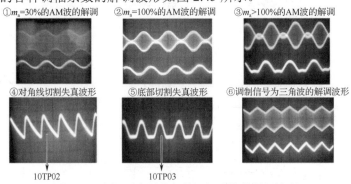

图 2.45　实际观察到的各种调幅系数的解调波形

2）DSB 波的解调

采用前面振幅调制实验得到 DSB 波，并增大载波信号及调制信号幅度，使得调制电路输出端产生较大幅度的 DSB 信号，然后把它加到二极管包络检波器的输入端，观察并记录检波器的输出波形，并与调制信号做比较。

实际观察到的 DSB 波解调波形如图 2.46 所示。

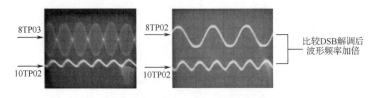

图 2.46　实际观察到的 DSB 波解调波形（调制和解调中输入信号、输出信号比较）

3. 集成电路（乘法器）构成的同步检波

1）AM 波的解调

将幅度调制电路的输出端接到乘法器幅度解调电路的调幅输入端（9P02）。乘法器幅度解调电路的恢复载波，可用铆孔线直接与乘法器幅度调制电路的载波输入端相连，即 9P01 与 8P01 相连。将示波器的 CH1 接 9TP02，将示波器的 CH2 接 9TP03。分别观察并记录当调制电路的 $m_a = 30\%$、$m_a = 100\%$、$m_a > 100\%$ 时三种 AM 波的解调输出波形，并与调制信号做比较。

实际观察到的各种调幅系数的 AM 波的解调输出波形如图 2.47 所示。

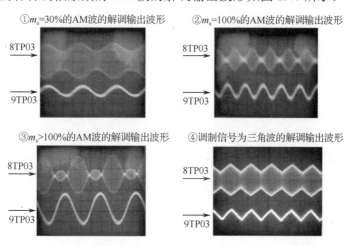

图 2.47　实际观察到的各种调幅系数的 AM 波的解调输出波形

2）DSB 波的解调

采用振幅调制实验的方法来获得 DSB 波，并将其加入乘法器幅度解调电路的调幅输入端，而其他连线均保持不变，观察并记录解调输出波形，并与调制信号做比较。改变调制信号的频率及幅度，观察解调信号有何变化。将调制信号改成三角波和方波，再观察解调输出波形。

DSB 波的解调输出波形如图 2.48 所示。

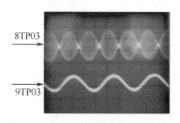

图 2.48　DSB 波的解调输出波形

3）SSB 波的解调

采用振幅调制实验的方法来获得 SSB 波，并将带通滤波器输出的 SSB 波（15P06）连接到乘法器幅度解调电路的调幅输入端，载波输入与上述连接相同。观察并记录解调输出波形，并与调制信号做比较。改变调制信号的频率及幅度，观察解调信号有何变化。由于带通滤波器的原因，当调制信号的频率降低时，其解调后波形将产生失真，因为调制信号降低时，双边带中的上边带与下边带靠得更近，带通滤波器不能有效地抑制下边带，这样就会使解调后的波形产生失真。

4. 调幅与检波系统实验

调幅与检波系统实验图如图 2.49 所示。

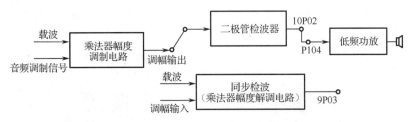

图 2.49   调幅与检波系统实验图

将电路按图 2.49 连接好后，按照上述实验的方法，将乘法器幅度调制电路和二极管检波器调节好，使检波后的输出波形不失真。然后将检波后的音频信号接入低频信号源中的功放输入端 P104，即用铆孔线将二极管检波器输出端 10P02（注意开关 10K01、10K02 的位置）与低频信号源中的功放输入端 P104 相连，或将同步检波器输出端 9TP03 与功放输入端 P104 相连，便可在扬声器中发出声音。改变调制信号的频率，声音也会发生变化。将低频信号源接音乐输出端，扬声器中就有音乐声音。

2.6.6   实验报告要求

（1）由本实验可归纳出两种检波器的解调特性，以"能否正确解调"填入表 2.7。

表 2.7   两种解调方式结果比较

输入的调幅波	AM 波			DSB 波
	$m_a = 30\%$	$m_a = 100\%$	$m_a > 100\%$	
包络检波				
同步检波				

（2）观察对角线切割失真和底部切割失真现象并分析产生的原因。

（3）对实验中的两种解调方式进行总结。

实验 2.7   高频功率放大器性能测试

2.7.1   实验目的

（1）通过实验，加深对丙类调谐功率放大器基本工作原理的理解，掌握丙类调谐功率放大器的调谐特性。

（2）掌握激励电压、集电极电源电压及负载变化对丙类调谐功率放大器工作状态的　影响。

（3）通过实验进一步了解调幅的工作原理。

2.7.2　实验内容

（1）观察高频功率放大器丙类工作状态的现象，并分析其特点。

（2）测试丙类调谐功率放大器的调谐特性。

（3）测试负载变化时 3 种状态（欠压、临界、过压）的余弦电流波形。

（4）观察激励电压、集电极电源电压变化时余弦电流脉冲的变化过程。

（5）观察丙类调谐功率放大器基极调幅波形。

2.7.3　实验原理

高频功率放大器是一种能量转换器件，它是将电源供给的直流能量转换为高频交流输出。高频功率放大器是通信系统中发送装置的重要组件，它也是一种以谐振电路作为负载的放大器。高频功率放大器和小信号调谐放大器的主要区别在于：小信号调谐放大器的输入信号很小，在微伏到毫伏，三极管工作于线性区域。小信号调谐放大器一般工作在甲类状态，效率较低。而高频功率放大器的输入信号要大得多，在几百毫伏到几伏，三极管工作延伸到非线性区域——截止和饱和区，这种放大器的输出功率大、效率高，一般工作在丙类状态，所以又称为丙类调谐功率放大器。

丙类调谐功率放大器的电路原理图如图 2.50 所示。

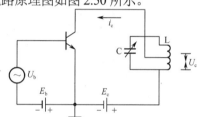

图 2.50　丙类调谐功率放大器的电路原理图

丙类调谐功率放大器主要是由三极管、LC 谐振回路、直流电源（E_c 和 E_b）等组成的，U_b 为前级供给的高频输出电压，作为高频功率放大器的输入信号，也称激励电压。

由于丙类调谐功率放大器采用的是反向偏置，在静态时三极管处于截止状态。只有当激励电压 U_b 足够大，超过反偏压 E_b 及三极管起始导通电压 u_i 之和时，三极管才导通。这样，三极管只在一个周期的一小部分时间内导通。所以集电极电流是周期性的余弦脉冲，其波形如图 2.51 所示。

根据丙类调谐功率放大器在工作时是否进入饱和区，可将丙类调谐功率放大器分为欠压、过压和临界 3 种工作状态。若在整个周期内，三极管工作不进入饱和区，即在任何时刻都工作在放大区，称丙类调谐功率放大器工作在欠压状态；若调谐功率放大器刚刚进入饱和区的边缘，称丙类调谐功率放大器工作在临界状态；若三极管工作时有部分时间进入饱和区，则称丙类调谐功率放大器工作在过压状态。丙类调谐功率放大器的这 3 种工作状态取决于集电极电源电压（E_c）、偏置电压（E_b）、激励电压幅值（U_{bm}）及集电极负载电阻（R_L）等参数。

1. U_{bm} 变化对丙类调谐功率放大器工作状态的影响

当 E_c、E_b 和 R_L 保持恒定时，U_{bm} 的变化对丙类调谐功率放大器工作状态的影响如

图 2.52 所示。

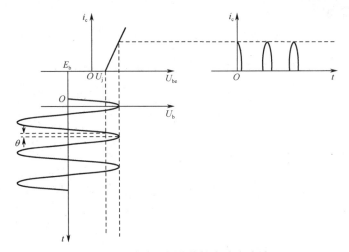

图 2.51 折线法分析非线性电路电流波形

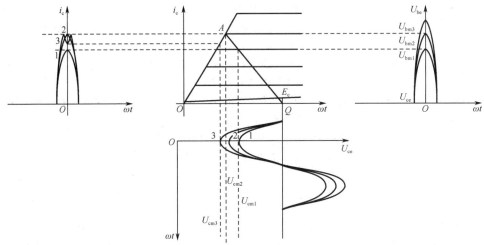

图 2.52 当 E_c、E_b 和 R_L 保持恒定时，U_{bm} 的变化对丙类调谐功率放大器工作状态的影响

由图 2.52 可以看出，当 U_{bm} 增大时，i_c、U_{cm} 也增大；当 U_{bm} 增大到一定程度时，丙类调谐功率放大器的工作状态由欠压进入过压，电流波形出现凹陷，但此时 U_{cm} 还会增大（如 U_{cm3}）。

2．R_L 变化对丙类调谐功率放大器工作状态的影响

当 E_c、E_b、U_{bm} 保持恒定时，R_L 的变化对丙类调谐功率放大器工作状态的影响如图 2.53 所示。

在 3 种不同 R_L 时，做出的 3 条不同动态特性曲线 QA_1、QA_2、QA_3A_3'。其中，QA_1 对应于欠压状态，QA_2 对应于临界状态，QA_3A_3' 对应于过压状态。QA_1 相对应的 R_L 较小，U_{cm} 也较小，集电极电流波形是余弦脉冲。随着 R_L 增加，动态负载线 QA_3 的斜率逐渐减小，U_{cm} 逐渐增大，丙类调谐功率放大器工作状态由欠压到临界，此时电流波形仍为余弦脉冲，只是幅值比欠压时略小。当 R_L 继续增大，U_{cm} 进一步增大，丙类调谐功率放大器进入过压状态，此时动态负载线 QA_3 与饱和线相交，此后电流 i_c 随 U_{cm} 沿饱和线下降到 A_3' 点，电流波形顶端下凹，呈马鞍形。

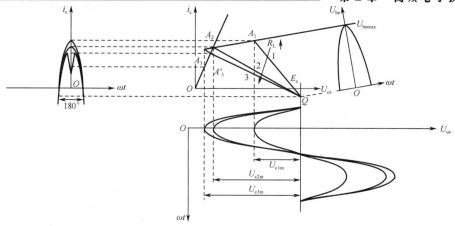

图 2.53 当 E_c、E_b、U_{bm} 保持恒定时，R_L 的变化对丙类调谐功率放大器工作状态的影响

3. E_c 变化对丙类调谐功率放大器工作状态的影响

在 E_b、U_{bm}、R_L 保持恒定时，E_c 的变化对丙类调谐功率放大器工作状态的影响如图 2.54 所示。

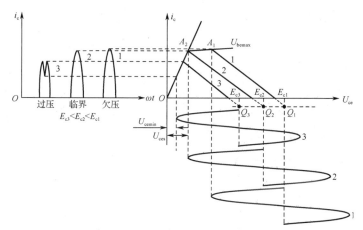

图 2.54 在 E_b、U_{bm}、R_L 保持恒定时，E_c 的变化对丙类调谐功率放大器工作状态的影响

由图 2.54 可见，E_c 变化，U_{cemin} 也随之变化，使得 U_{cemin} 和 U_{ces} 的相对大小发生变化。当 E_c 较大时，U_{cemin} 具有较大数值，且远大于 U_{ces}，丙类调谐功率放大器工作在欠压状态。随着 E_c 减小，U_{cemin} 也减小，当 U_{cemin} 接近 U_{ces} 时，丙类调谐功率放大器工作在临界状态。E_c 再减小，当 $U_{cemin} < U_{ces}$ 时，丙类调谐功率放大器工作在过压状态。图 2.54 中，当 $E_c > E_{c2}$ 时，丙类调谐功率放大器工作在欠压状态；当 $E_c = E_{c2}$ 时，丙类调谐功率放大器工作在临界状态；当 $E_c < E_{c2}$ 时，丙类调谐功率放大器工作在过压状态，即当 E_c 由大变小时，丙类调谐功率放大器的工作状态由欠压进入过压，i_c 波形也由余弦脉冲波形变为中间凹陷的脉冲波形。

2.7.4 实验电路

高频功率放大与发射实验电路如图 2.55 所示。

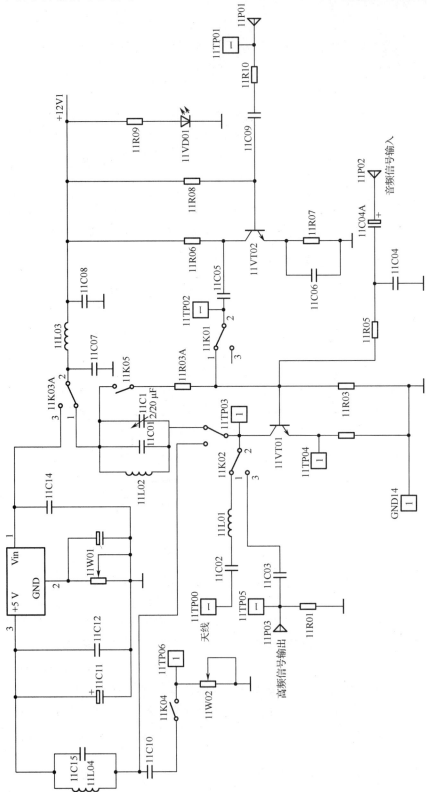

图 2.55　高频功率放大与发射实验电路

本实验单元由两级放大器组成，11VT02 是前置放大级，工作在甲类线性状态，以适应较小的输入信号电平。高频信号由铆孔 11P01 输入，经 11R10、11C09 加到 11VT02 的基极。11TP01、11TP02 分别为该级输入测量点、输出测量点。由于该级负载是电阻，对输入信号没有滤波和调谐作用，因而它既可作为调幅放大，也可作为调频放大。当 11K05 跳线去掉时，11VT01 构成丙类调谐功率放大电路，其基极偏置电压为零，通过发射极上的电压构成反偏。因此，只有在载波的正半周且幅度足够大时才能使功率管导通。11VT01 集电极负载为 LC 选频谐振回路，谐振在载波频率上以选出基波，因此可获得较大的功率输出。本实验功率放大器有两个选频回路，由开关 11K03 来选定。当开关 11K03 拨至左侧（1、2，4、5 接通）时，谐振回路由 11L02、11C01 和 11C1 组成，其谐振频率约为 6.3 MHz，此时的功率放大器可用于构成无线收发系统。当开关 11K03 拨至右侧时（2、3，5、6 接通），谐振回路由 11L04、11C15 组成，其谐振频率约为 2 MHz。此时可用于测量 3 种状态（欠压、临界、过压）下的电流脉冲波形，因频率较低时测量效果较好。开关 11K04 用于控制负载电阻的接通与否，11W02 用于改变负载电阻的大小。11W01 用于调整功率放大器集电极电源电压的大小（谐振频率约为 2 MHz）。在功率放大器构成系统时，开关 11K02 控制功率放大器是由天线发射输出还是直接通过铆孔输出。当开关 11K02 往上拨时，功率放大器输出信号通过天线发射，11TP00 为天线接入端。当开关 11K02 往下拨时，功率放大器通过 11P03 输出信号。11P02 为音频信号输入口，加入音频信号时可对功率放大器进行基极调幅。11TP03 为功率放大器集电极测试点，11TP04 为发射极测试点，可在该点测量电流脉冲波形。11TP06 用于测量负载电阻大小。当输入信号为调幅波时，11VT01 不能工作在丙类状态，因为当调幅波在波谷时幅度较小，11VT01 可能不导通，导致输出波形严重失真。因此，当输入信号为调幅波时，跳线器 11K05 必须插上，使 11VT01 工作在甲类状态。

2.7.5　实验步骤

1. 实验准备

在实验箱主板上装上高频功率放大与射频发射模块（见图 2.56）。接通电源即可开始实验。

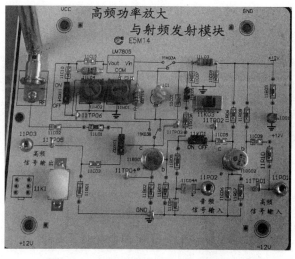

图 2.56　高频功率放大与射频发射模块

2. 测试前置放大级输入波形、输出波形

设置高频信号源信号的频率为 6.3 MHz、幅度（峰-峰值）在 300 mV 左右，用铆孔线将高频信号源连接到 11P01，将模块上的开关 11K01 拨至"OFF"，用示波器测试 11P01 和 11TP02 的波形的幅度，并计算其放大倍数。由于该级集电极负载是电阻，因此没有选频作用。

3. 激励电压（U_b）、集电极电源电压（E_c）及负载电阻（R_L）变化对丙类调谐功率放大器工作状态的影响

1）U_b 对丙类调谐功率放大器工作状态的影响

将开关 11K01 拨至"ON"，将开关 11K03 拨至"右侧"，将开关 11K02 往下拨。保持 E_c 在 5 V 左右（用万用表测 11TP03 点的直流电压，将 11W01 逆时针调到底），R_L 在 10 kΩ 左右（将开关 11K04 拨至"OFF"，用万用表测 11TP06 电阻，将 11W02 顺时针调到底，然后将开关 11K04 拨至"ON"）不变。

设置高频信号源信号的频率在 1.9 MHz 左右、幅度（峰-峰值）为 200 mV，将高频信号源连接至功放模块输入端 11P01。示波器的 CH1 接 11TP03，CH2 接 11TP04。调整高频信号频率，使丙类调谐功率放大器的输出信号幅度（11TP03）最大。改变高频信号幅度，即改变 U_b，观察 11TP04 点的电压波形。当高频信号幅度变化时，应观察到欠压脉冲波形、临界脉冲波形、弱过压（过压）电流脉冲波形。三种状态下的电流脉冲波形如图 2.57 所示。如果波形不对称，则应微调高频信号频率，如果高频信号源是 DDS 信号源，则应选择合适的频率步长挡位。

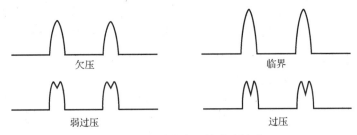

欠压　　　　　　　　临界

弱过压　　　　　　　　过压

图 2.57　三种状态下的脉冲波形

实际观察到的波形 1 如图 2.58 所示。

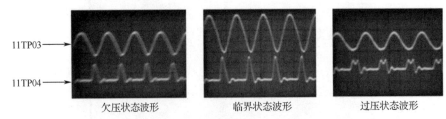

11TP03 →　　　　　　　　　　　　　　　　　　　　　　　　　

11TP04 →

欠压状态波形　　　　　临界状态波形　　　　　过压状态波形

图 2.58　实际观察到的波形 1

2）E_c 对丙类调谐功率放大器工作状态的影响

保持 U_b（11TP01 点电压峰-峰值为 200 mV）、$R_L = 10$ kΩ 不变（将 11W02 顺时针调到底），改变 E_c（调整 11W01，使 E_c 为 5～10 V），观察 11TP04 点的电压波形。当调整 E_c 时，仍可观察到图 2.57 的波形，但此时欠压波形幅度比临界时稍大。

实际观察到的波形 2 如图 2.59 所示。

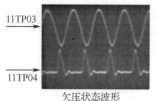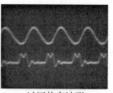

欠压状态波形　　　　　临界状态波形　　　　　过压状态波形

图 2.59　实际观察到的波形 2

3）R_L 变化对丙类调谐功率放大器工作状态的影响

保持 $E_c = 5\,V$（将 11W01 逆时针调到底）、U_b（11TP01 点的电压峰-峰值为 150 mV）不变，改变 R_L（调整 11W02，将开关 11K04 拨至 "ON"），观察 11TP04 点的电压波形。同样能观察到如图 2.57 所示的脉冲波形，但欠压时波形幅度比临界时大。测出欠压、临界、过压时 R_L 的大小。测试 R_L 时必须将开关 11K04 拨至 "OFF"，测完后再拨至 "ON"。

实际观察到的波形 3 如图 2.60 所示。

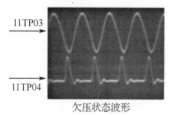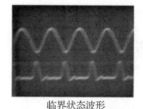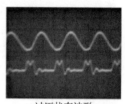

欠压状态波形　　　　　临界状态波形　　　　　过压状态波形

图 2.60　实际观察到的波形 3

4. 丙类调谐功率放大器调谐特性测试

将开关 11K01 拨至 "ON"，将开关 11K02 往下拨，将开关 11K03 拨至 "左侧"，拔掉 11K05 跳线器。将高频信号源接入前置级输入端（11P01），幅度（峰-峰值）为 800 mV。以频率 6.3 MHz 为中心点，以 200 kHz 为频率间隔，向左右两侧各画出 6 个频率测量点，并画出一个表格，如表 2.8 所示。

表 2.8　丙类调谐功率放大器幅频特性测试

频率/MHz	5.1	5.3	5.5	5.7	5.9	6.1	6.3	6.5	6.7	6.9	7.1	7.3	7.5
电压/V													

高频信号源按照表格上的频率变化，幅度（峰-峰值）为 800 mV 左右（11TP01），用示波器测量 11TP03 点的电压值。测出与频率相对应的电压值填入表格，然后画出频率与电压的关系曲线。

5. 丙类调谐功率放大器调幅波的观察

保持上述 4 的状态，调整高频信号源信号的频率，使功率放大器谐振，即使 11TP03 点的输出信号幅度最大。然后从 11P02 输入音频调制信号，用示波器观察 11TP03 点的波形。此时该点波形应为调幅波，改变音频信号的幅度，输出调幅波的调幅系数应发生变化。改变调制信号的频率，调幅波的包络亦随之变化，如图 2.61 所示。

实际观察到的调幅波 4 如图 2.61 所示。

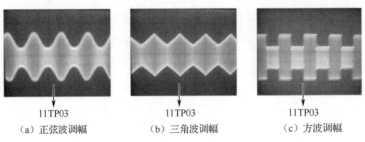

（a）正弦波调幅 （b）三角波调幅 （c）方波调幅

图 2.61 实际观察到的调幅波 4

2.7.6 实验报告要求

（1）认真整理实验数据，对实验参数和波形进行分析，说明 U_b、E_c、R_L 对丙类调谐功率放大器工作状态的影响。

（2）用实测参数分析丙类调谐功率放大器的特点。

（3）总结本实验所获得的体会。

实验 2.8 频率调制性能测试

2.8.1 实验目的

（1）熟悉电子元器件和高频电子线路实验系统。

（2）掌握用变容二极管调频器实现调频的方法。

（3）理解静态调制特性、动态调制特性的概念和测试方法。

2.8.2 实验内容

（1）用示波器观察调频器输出波形，考察各种因素对调频器输出波形的影响。

（2）变容二极管调频器静态调制特性测量。

（3）变容二极管调频器动态调制特性测量。

2.8.3 实验原理

使高频振荡的频率按调制信号做相应变化的调制方式，叫作频率调制，简称调频（FM）。调制后调频振荡输出信号称为频调波。通过调频来传递消息的通信方式称为调频通信。

1．调频及其数学表达式

设调制信号 $u_\Omega(t) = U_{\Omega m}\cos\Omega t$ ，载波信号 $u_c(t) = U_m\cos\omega_c t$ 。调频时，高频振荡的瞬时频率随调制信号 $u_\Omega(t)$ 呈线性变化，其比例系数为 K_f ， $\omega(t) = \omega_c + K_f u_\Omega(t) = \omega_c + \Delta\omega(t)$ 。

式中， ω_c 是载波角频率，也是调频信号的中心角频率。

单音频调制时，对于调频信号，有

$$\omega(t) = \omega_c + K_f U_{\Omega m}\cos\Omega t = \omega_c + \Delta\omega(t)\cos\Omega t$$

由此得到调频信号的数学表达式，即

$$u(t) = U_{\mathrm{m}} \cos\left[\int (\omega_{\mathrm{c}} + \Delta\omega(t)\cos\Omega t)\mathrm{d}t + \varphi \right] = U_{\mathrm{m}} \cos\left(\omega_{\mathrm{c}}t + \frac{\Delta\omega}{\Omega}\sin\Omega t + \varphi \right)$$

假定初相角 $\varphi = 0$，则得

$$u(t) = U_{\mathrm{m}} \cos\left(\omega_{\mathrm{c}}t + \frac{\Delta\omega}{\Omega}\sin\Omega t \right)$$

式中，$\dfrac{\Delta\omega}{\Omega}$ 为调频波的调制指数，以符号 m_{f} 表示，即

$$m_{\mathrm{f}} = \frac{\Delta\omega}{\Omega}$$

m_{f} 是最大频偏 $\Delta\omega$ 与调制信号角频率 Ω 之比。m_{f} 值可以大于 1（这与调幅波不同，调幅系数 m_{a} 总是小于或等于 1 的）。所以调频波的数学表达式为

$$u(t) = U_{\mathrm{m}} \cos(\omega_{\mathrm{c}}t + m_{\mathrm{f}}\sin\Omega t + \varphi)$$

2．调频波的频谱

当 $m_{\mathrm{f}} \leqslant 1$ 时，调频波的频谱和 AM 波一样，也是由载频 f_0 和一对边频 $f_0 + F$、$f_0 - F$（$F = \dfrac{\Omega}{2\pi}$）组成的，如图 2.62 所示。但下边频的相位和上边频的相位差 $180°$。如果调制信号是一个频带信号，则上边频、下边频就分别成了上边带、下边带。

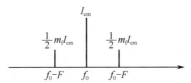

图 2.62　$m_{\mathrm{f}} \leqslant 1$ 时调频波的振幅频谱

当 m_{f} 逐步增大时，边频数也逐步增大，理论上包含载频和无数对边频。

如果把调制前载波振幅 I_{cm} 的 15%以上的边频作为有效边频，有效边频所占的频带宽度称为有效频带宽度（B），则当 $m_{\mathrm{f}} > 2$ 时（这时为宽带调频），$B \approx 2m_{\mathrm{f}}F \approx 2\Delta f_{\mathrm{max}}$。图 2.63 为 $m_{\mathrm{f}} = 3$ 时调频波的振幅频谱。

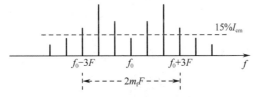

图 2.63　$m_{\mathrm{f}} = 3$ 时调频波的振幅频谱

总之，调频波的频谱成分，理论上有无穷多，所以频率调制是一种非线性调制。

3．调频信号的产生

1）调频方法

调频就是用调制电压去控制载波的频率。调频的方法有很多，最常用的方法可分为两

大类：直接调频法和间接调频法。

直接调频法就是用调制电压直接去控制振荡器的频率，以产生调频信号的方法。例如，被控电路是 LC 振荡器，那么，它的振荡频率主要由振荡回路电感 L 与电容 C 的数值来决定，若在振荡回路中加入可变电抗，并用低频调制信号去控制可变电抗的参数，即产生振荡频率随调制信号变化的调频波。在实际电路中，可变电抗元件的类型有许多种，如变容二极管、电抗管等。

间接调频法就是保持振荡器的频率不变，用调制电压去改变载波输出的相位，这实际上就是调相。由于调相和调频有一定的内在联系，所以只要附加一个简单的变换网络，就可以从调相中获得调频。所以间接调频就是先进行调相，再由调相变为调频。

目前采用最多的是变容二极管直接调频法，下面主要介绍这种方法。

2）变容二极管调频电路

图 2.64 为某发信机的调频电路。图 2.64 中，虚线框部分为共基极的西勒振荡器，图中仅画出了交流等效电路，框外部分为变容二极管调频器。

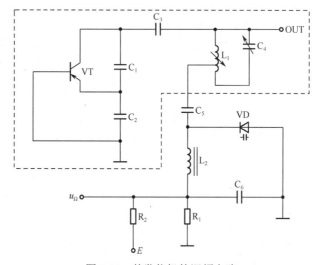

图 2.64　某发信机的调频电路

直流电压 E 通过 R_1、R_2 分压后，经高频扼流圈 L_2 加到变容二极管 VD 的负端，VD 的正端接地。这样 VD 就得到了反向偏置。L_2 对高频起扼流作用，对直流和低频可认为短路。C_6 为高频旁路电容，话音调制电压 u_Ω 经 L_2 也加到 VD 的两端，使 VD 的结电容 C_j 随 u_Ω 而变。L_2 和 C_6 防止高频电流流向 R_1、R_2、电源 E 和低频信号源 u_Ω。

下面来分析振荡器的频率（或频偏）和调制信号的关系。通常 $C_5 \geq C_j$，$C_3 \leq C_1$，$C_3 \leq C_2$，因此，电容 C_5、电容 C_1 和电容 C_2 均可忽略，振荡回路可简化为图 2.65。

设电容 C_3 的接入系数为 P_3，电容 C_j 的接入系数为 P_j，那么可把 C_3 和 C_j 折合到 L_1 两端，回路可进一步简化成图 2.66。

图 2.66 中，$C = P_3^2 C_3 + C_4$，$C'_j = P_j^2 C_j$，因而振荡器的振荡角频率为

$$\omega = \frac{1}{\sqrt{L_1(C + C'_j)}} = \frac{1}{\sqrt{L_1(P_3^2 C_3 + C_4 + P_j^2 C_j)}}$$

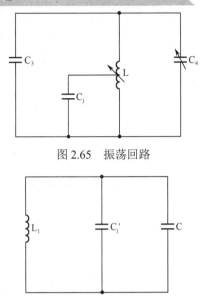

图 2.65　振荡回路

图 2.66　振荡电路的简化图

在进行调频时，C_j 将随调制信号 u_Ω 而变，因而 ω 也将随之而变，u_Ω 引起 ω 发生变化。

图 2.67 中，ω-C_j 曲线是根据式（2.8.6），在 C_3、C_4、P_3、P_j 一定时绘出的。当 μ_Ω 按余弦规律变化时，C_j 也在 C_{j0} 基础上做相应变化，通过 ω-C_j 曲线，可求得 ω 的曲线。可以证明在工作点（$V = V_0$）附近的区域内，ω 和 u_Ω 呈线性关系，因而 ω 也按余弦变化规律。$\omega = \omega_0 + Ku_\Omega = \omega_0 + KV_{\Omega m}\cos\Omega t$，$K$ 为一常数。该式表明已正确实现了调频。当 $V_{\Omega m}$ 很大时，$\Delta\omega_0$ 与 ΔV 就不能保持线性关系，一般 $V_{\Omega m}$ 不能过大，m_f 约为 1.2，带宽在 20 kHz 左右。变容二极管不能出现正向导通，否则，它的很小的正向内阻将使回路 Q 值大大降低，影响振荡器的稳定。

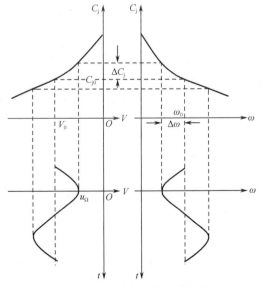

图 2.67　u_Ω 引起 ω 的变化规律

根据上面的分析，可以画出 Δf-ΔV 关系曲线（见图2.68）。当 ΔV 较小时为直线。当 ΔV 较大时，则出现弯曲。曲线的斜率即 $\dfrac{\Delta f}{\Delta V}$。它表示调制电压对振荡频率的控制能力，叫作控制灵敏度。显然我们希望控制灵敏度高一些。

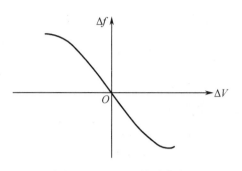

图 2.68　Δf-ΔV 关系曲线

变容二极管调频法的主要缺点是中心频率不稳。这一方面是由于振荡器本身是 LC 振荡器，稳定度不高，另一方面变容二极管的 C_j 受外界的影响比较大。

2.8.4　实验电路

变容二极管调频器实验电路如图 2.69 所示。图 2.69 中，12VT01 为电容三端式振荡器，它与 12VD01、12VD02（变容二极管）一起组成了直接调频器。12VT03 为放大器，12VT04 为射极跟随器。12W01 用来调节变容二极管的偏压。

由图 2.69 可知，加到变容二极管上的直流偏置就是+12V 经由 12R02、12W01 和 12R03 分压后，从 12R03 得到的电压，因而调节 12W01 即可调整偏压。本实验的调频器本质上是一个电容三端式振荡器（共基极接法），由于电容 12C05 对高频短路，因此变容二极管实际上与 12L02 相并联。调节 12W01，可改变变容二极管的偏压，即改变了变容二极管的容量，从而改变其振荡频率。因此，变容二极管起着可变电容的作用。对于输入音频信号而言，12L01 短路，12C05 开路，从而音频信号可加到变容二极管上。当变容二极管加有音频信号时，其等效电容按音频规律变化，因而其振荡频率也按音频规律变化，从而达到了调频的目的。

2.8.5　实验步骤

1. 实验准备

在实验箱主板上插上变容二极管调频模块、斜率鉴频与相位鉴频模块（见图 2.70）。按下开关 12K01，此时变容二极管调频模块（简称"调频器单元"）电源指示灯亮。

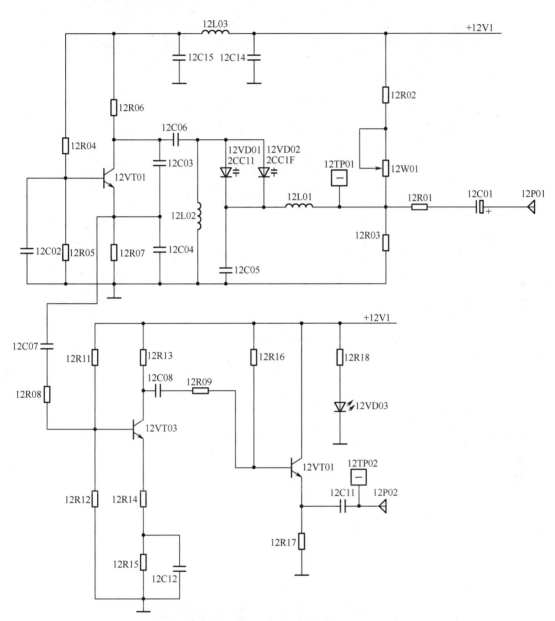

图 2.69　变容二极管调频器实验电路

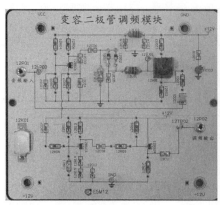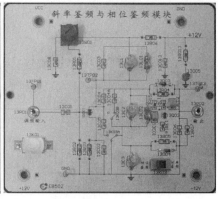

图 2.70　变容二极管调频模块、斜率鉴频与相位鉴频模块

2. 静态调制特性测量

音频输入端 12P01 先不接音频信号，将示波器接到调频器单元的 12TP02。将频率计接到调频输出端 12P02，用万用表测量 12TP01 的电位值，按表 8.1 所给的电压值调节 12W01，使 12TP01 的电位在 1.65～9.5 V 范围内变化，并把相应的频率值填入表 8.1 中。

表 8.1　静态调制特性测量

电压/V	1.65	2	3	4	5	6	7	8	9	9.5
频率/MHz										

3. 动态调制特性测量

（1）将斜率鉴频与相位鉴频模块（简称鉴频器单元）中的电源（+12 V）接通（按下开关 13K01，相应指示灯亮），鉴频器工作于正常状态。

（2）调节 12W01 使变容二极管调频器输出频率 f_0 在 6.3 MHz 左右。

（3）以实验箱上的低频信号源作为音频调制信号源，输出频率为 1 kHz、幅度（峰–峰值）为 300 mV（用示波器监测）的正弦波。

（4）把实验箱上的低频信号源输出的音频调制信号加入调频器单元的音频输入端 12P01，便可在调频器单元的调频输出端 12TP02 上观察到调频波。

用示波器观察到的调频波形如图 2.71 所示。

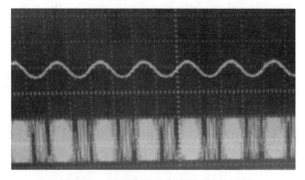

图 2.71　用示波器观察到的调频波形

（5）将调频器单元的调频输出端 12P02 连接到鉴频器单元的输入端 13P01，并将鉴频器单元的 13K02 拨向"相位鉴频"，便可在鉴频器单元的输出端 13P02 上观察到经解调后的音频信号。如果没有波形或波形不好，应调节 12W01 和 13W01。

（6）将示波器的 CH1 接调制信号源（可接在调制模块中的 12TP03 上），将示波器的 CH2 接鉴频输出端 13TP03，比较两个波形有何不同。改变调制信号的幅度，观测鉴频器解调输出有何变化。调整调制信号的频率，观测鉴频器输出波形的变化。

2.8.6　实验报告要求

（1）根据实验数据，在坐标纸上画出静态调制特性曲线，并说明曲线斜率受哪些因素影响。

（2）说明 12W01 对调频器工作的影响。

（3）总结本实验所获得的体会。

实验 2.9　调频波的解调性能测试

2.9.1　实验目的

（1）了解调频波产生、解调的全过程及整机调试方法，建立调频系统的初步概念。

（2）了解斜率鉴频与相位鉴频器的工作原理。

（3）熟悉初级回路电容、次级回路电容、耦合电容对电容耦合回路相位鉴频器工作的影响。

2.9.2　实验内容

（1）调频—鉴频过程观察：用示波器观测调频器输入波形、输出波形，以及鉴频器输入波形、输出波形。

（2）观察初级回路电容、次级回路电容、耦合电容变化对调频波解调的影响。

2.9.3　实验原理

1. 调频波解调的方法

从调频波中取出原来的调制信号的过程，称为频率检波，又称为鉴频。具有鉴频功能的电路称为鉴频器。

在调频波中，调制信号包含在高频振荡频率的变化量中，所以调频波的解调任务就是要求鉴频器输出信号与输入调频波的瞬时频移呈线性关系。

鉴频器实际上包含两个部分，第一是借助谐振电路将等振幅的调频波转换成幅度随瞬时频率变化的调幅调频波；第二是用二极管检波器进行幅度检波，还原出调制信号。

由于信号的最后检出还是利用高频振幅的变化，这就要求输入的调频波要"干净"，不带有寄生调幅。否则，这些寄生调幅将混在转换后的调幅调频波中，使最后检出的信号受到干扰。为此，输入鉴频器前的信号要经过限幅，使其幅度恒定。

因此，调频波的检波主要经过限幅器和鉴频器两个环节，可用图 2.72（a）的方框图表示，其对应各点的波形如图 2.72（b）所示。

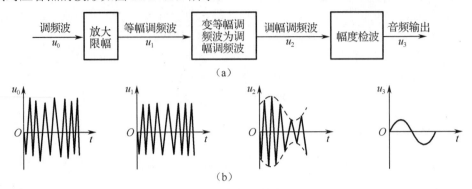

图 2.72　调频波的检波

2. 斜率鉴频器

斜率鉴频器电路是由失谐单谐振回路和二极管包络检波器组成的，如图 2.73 所示。失谐单谐振回路不是调谐于调频波的载波频率，而是比它高或低一些，形成一定的失谐。由于这种鉴频器是利用并联 LC 回路幅频特性的倾斜部分将调频波变换成调幅调频波的，故通常称它为斜率鉴频器。

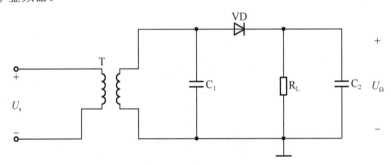

图 2.73　斜率鉴频器电路

在实际调整时，为了获得线性的鉴频特性曲线，总是使输入调频波的中心频率处于幅频特性曲线中接近直线段的中点，如图 2.74 所示的 M（或 M'）点。这样，谐振回路电压幅度的变化将与频率呈线性关系，可将调频波转换成调幅调频波，再通过二极管对调幅波进行检波，便可得到调制信号 U_Ω。

斜率鉴频器的性能在很大程度上取决于谐振回路的 Q 值。图 2.74 上画出了两种不同 Q 值的曲线。由图 2.74 可知，如果 Q 值低，则幅频特性曲线倾斜部分的线性较好，在调频转换为调幅调频过程中失真小。但是，转换后的调幅调频波幅度变化小，对于一定频移而言，所检得的低频电压也小，即鉴频灵敏度低；反之，如果 Q 值高，则鉴频灵敏度可提高，但幅频特性曲线的线性范围变窄。当调频波的频率较大时，失真较大。图 2.74 中的曲线①和②为上述两种情况的对比。

应该指出的是，因为斜率鉴频器电路的线性范围与灵敏度都是不理想的，所以斜率鉴频器一般用于质量要求不高的简易接收机。

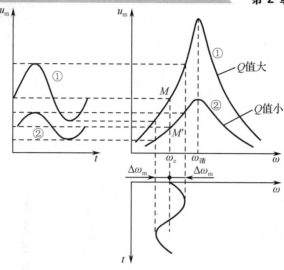

图 2.74　斜率鉴频器的工作原理

2.9.4　实验电路

图 2.75 为斜率鉴频与相位鉴频器实验电路。图 2.75 中，当开关 13K02A 和 13K02B 分别拨至"2"和"4"时，该电路为斜率鉴频器。13VT01 用来对调频波进行放大，13C2、13L02 为频率振幅转换网络，其中心频率约为 6.3 MHz。13VD03 为包络检波二极管。13TP01、13TP03 分别为输入测量点、输出测量点。

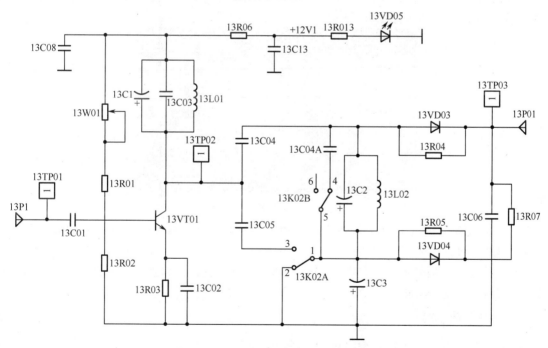

图 2.75　斜率鉴频与相位鉴频器实验电路

当开关 13K02A 和 13K02B 分别拨至"3"和"6"时，该电路为相位鉴频器，相位鉴频器是由频相转换电路和鉴相器两部分组成的。输入的调频信号加到放大器 13VT01 的基极上。放大器的负载就是频相转换电路，该电路是通过电容 13C3 耦合的双调谐回路。初级回路和次级回路都调谐在中心频率（$f_0 = 6.3\ \mathrm{MHz}$）上。初级回路电压（U_1）直接加到次级回路中的串联电容 13C04、13C05 的中心点上，作为鉴相器的参考电压；同时，U_1 又经电容 13C3 耦合到次级回路，作为鉴相器的输入电压，即加在 13L02 两端，用 U_2 表示。鉴相器采用两个并联二极管检波电路。检波后的低频信号经 RC 滤波器输出。

2.9.5　实验步骤

1.　实验准备

插装好斜率鉴频与相位鉴频模块、变容二极管调频模块，接通电源，即可开始实验。

2.　相位鉴频实验

（1）采用实验 2.8 中的方法产生调频波，即将音频调制信号［频率为 1 kHz，幅度（峰-峰值）为 300 mV］加到音频输入端 12P01，并将调频输出中心频率调至 6.3 MHz 左右，然后将调频输出端连接到鉴频器单元的输入端 13P01，即用铆孔线将 12P02 与 13P01 相连。将鉴频器单元开关 13K02 拨向"相位鉴频"。

用示波器观察鉴频器输出（13TP03）波形，此时可观察到频率为 1 kHz 的正弦波。如果没有波形或波形不好，应调节 12W01 和 13W01。建议采用示波器做双线观察：将示波器的 CH1 接 12TP03，将示波器的 CH2 接 13TP03，并做比较。

实际观察到的波形如图 2.76 所示。

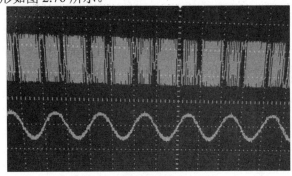

图 2.76　实际观察到的波形

（2）若改变调制信号幅度，则鉴频器输出信号幅度亦会随之变大，但信号幅度过大时，输出波形将会出现失真。

（3）改变调制信号的频率，鉴频器输出频率应随之变化。将调制信号改成三角波和方波，再观察鉴频器输出波形。

3.　斜率鉴频实验

（1）将鉴频器单元开关 13K02 拨向"斜率鉴频"。

（2）信号连接和测试方法与相位鉴频完全相同，但音频调制信号幅度（峰-峰值）应增大到 1 V。

2.9.6　实验报告要求

（1）画出调频—鉴频系统正常工作时的调频器输入波形、输出波形和鉴频器输入波形、输出波形。

（2）总结本实验所获得的体会。

实验 2.10　锁相环与频率合成器性能测试

2.10.1　实验目的

（1）熟悉 4046 单片集成电路的组成和应用，加深对锁相环基本工作原理的理解。

（2）掌握用 4046 集成电路实现频率调制的原理和方法。

（3）了解频率合成的概念及实现方法。

（4）掌握锁相环同步带和捕捉带的测量方法。

2.10.2　实验内容

（1）不接调制信号时，观测调频器输出波形，并测量其频率。

（2）测量锁相环的同步带和捕捉带。

（3）输入调制信号为正弦波时的调频方波的观测。

（4）输入调制信号为方波时的调频方波的观测。

（5）频率合成器和锁相环的测量。

2.10.3　实验原理

1. 锁相环

1）锁相环的组成

基本的锁相环是由鉴相器（PD）、低通滤波器（LF）和压控振荡器（VCO）3 个部分组成的，如图 2.77 所示。

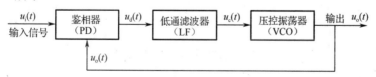

图 2.77　锁相环的基本组成

输入信号 $u_i(t)$ 和本振信号（VCO 输出信号）$u_o(t)$ 分别是正弦波信号和余弦波信号，它们在鉴相器内进行比较，鉴相器的输出是一个与输入信号和本振信号的相位差成比的误差电压 $u_d(t)$，一般把 $u_d(t)$ 称为误差电压。低通滤波器滤除鉴相器中的高频分量，然后把输出控制电压 $u_c(t)$ 加到 VCO 输入端，VCO 输出的本振信号的频率随着输入电压的变化而变化。如果本振信号的频率和输入信号的频率不一致，则鉴相器的输出将产生低频变化分量，并通过低通滤波器使 VCO 的振荡频率发生变化。只要锁相环设计恰当，这种变化将使本振信号的频率与输入信号的频率一致起来。最后如果本振信号的频率和输入信号的频率完全一致，那么两者的相位差将保持某一恒定值，则鉴相器的输出将是一个恒定直流电压（高频分量忽略），低通滤波器的输出也是一个直流电压，VCO 的振荡频率将停止变化，这时，锁相环处于"锁定状态"。

2）锁相环锁定、捕捉和跟踪

（1）锁相环锁定：当没有输入信号时，VCO 以角频率 ω_o 振荡。如果锁相环有一个输入信号 $u_i(t)$，那么开始时，输入信号频率总是不等于 VCO 的振荡频率，即 $\omega_i \neq \omega_o$。这时如果 ω_i 和 ω_o 相差不大，那么在适当范围内，鉴相器输出一误差电压，经低通滤波器变换后控制 VCO 的振荡频率，可使其输出信号频率 ω_o 变化到接近 ω_i 直到相等，而且两信号的相位误差为 φ（常数），这一过程叫作锁相环锁定。

（2）锁相环捕捉：从信号的加入到锁相环锁定前的过程叫作锁相环捕捉。

（3）锁相环跟踪：锁相环锁定以后，当输入相位 φ_i 有一定变化时，鉴相器可鉴出 φ_i 与 φ_o 之差，产生一正比于这个相位差的电压，并反映相位差的极性，经过低通滤波器变换以控制 VCO 的振荡频率，使 φ_o 改变，减少它与 φ_i 之差，直到保持 $\omega_i = \omega_o$，相位差为 φ，这一过程叫作锁相环跟踪。

3）锁相环的同步带和捕捉带

设 VCO 的振荡频率与输入的基准频率相差较远，这时锁相环未处于锁定状态。随着基准频率 f_i 向 VCO 的振荡频率 f_o 靠拢（或反之使 f_o 向 f_i 靠拢），达到某一频率，如 f_1，这时锁相环进入锁定状态，即系统入锁。一旦入锁后，f_o 就等于 f_i，且 f_o 随 f_i 而变化，这就称为跟踪，这时，若再继续增加 f_i，则当 $f_i > f_2'$ 时，f_o 不再受 f_i 的牵引而失锁，又回到自由振荡频率；但反之，若降低 f_i，则当 f_i 回到 f_2' 时，锁相环并不入锁，只有当 f_i 降低到一个更低的频率 f_2 时，锁相环才重新入锁。这时，如果 f_i 继续降低，f_o 也有一段跟踪 f_i 的范围，直到 f_i 降到一个低于 f 的频率 f_1' 时，锁相环才失锁。而反过来又要在 f 处才入锁。将 $f_1 \sim f_2$ 的范围称为锁相环的捕捉带，而 $f_1' \sim f_2'$ 的范围则称为同步带，如图 2.78 所示。

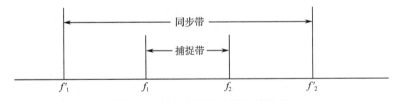

图 2.78　锁相环的同步带和捕捉带

2. 频率合成器

频率合成器是现代通信对频率源的频率稳定度与准确度、频率纯度与频带利用率提出越来越高的要求的产物。它能够利用一个高稳标准频率源（如晶体振荡器）合成出大量具有同样性能的离散频率。

锁相环频率合成器原理框图如图 2.79 所示。输入信号频率 f_i 经固定分频（M 分频）后得到基准频率 f_1，把它输入鉴相器的一端，VCO 输出信号经可预置分频器（N 分频）后输入鉴相器的另一端，将这两个信号进行比较，在锁相环锁定后得到

$$\frac{f_\mathrm{i}}{M}=\frac{f_2}{N}$$

$$f_2=\frac{N}{M}f_\mathrm{i}=Nf_1$$

当分频比 N 变化时，输出信号频率响应跟随输入信号频率变化。

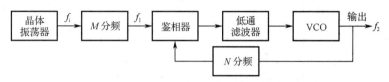

图 2.79　锁相环频率合成器原理框图

显然，只要改变分频比 N，即可达到改变输出频率 f_2 的目的，完成由 f_1 合成 f_2 的任务。这样，只要输入一个固定参考频率 f_1，即可得到一系列所需要的频率。在该电路中，输出频率点间隔 $\Delta f=f_1$，选择不同 f_1，可以获得不同 f_1 的频率间隔。

2.10.4　实验电路

1. 4046 锁相环芯片功能

4046 锁相环功能框图如图 2.80 所示。外引线排列引脚功能介绍如下。

第 1 引脚（PD_{03}）：鉴相器 2 输出的相位差信号，为上升沿控制逻辑。

第 2 引脚（PD_{01}）：鉴相器 1 输出的相位差信号，它采用异或门结构，即鉴相特性为 $PD_{01}=PD_{11}\oplus PD_{12}$。

第 3 引脚（PD_{12}）：鉴相器输入信号，通常 PD 为来自 VCO 的参考信号。

第 4 引脚（VCO_o）：VCO 的输出信号。

第 5 引脚（INH）：控制信号输入，若 INH 为低电平，则允许 VCO 工作和源极跟随器输出；若 INH 为高电平，则相反，电路将处于功耗状态。

第 6 引脚（CI）：与第 7 引脚之间接一电容，以控制 VCO 的振荡频率。

第 7 引脚（CI）：与第 6 引脚之间接一电容，以控制 VCO 的振荡频率。

第 8 引脚（GND）：接地。

第 9 引脚（VCO_I）：VCO 的输入信号。

第 10 引脚（SF_0）：源极跟随器输出。

第 11 引脚（R_1）：外接电阻至地，分别控制 VCO 的最高振荡频率和最低振荡频率。

第 12 引脚（R_2）：外接电阻至地，分别控制 VCO 的最高振荡频率和最低振荡频率。

第 13 引脚（PD_{02}）：鉴相器输出的三态相位差信号，它采用 PD_{11}、PD_{12} 上升沿控制逻辑。

第 14 引脚（PD_{11}）：鉴相器输入信号，PD_{11} 输入允许将 0.1 V 左右的小信号或方波信号在内部放大并再经过整形电路后，输出至鉴相器。

第 15 引脚（VZ）：内部独立的稳压二极管负极，其稳压电压为 5～8 V，若与 TTL 电路匹配时，可以作为辅助电源使用。

第 16 引脚（VDD）：正电源，通常选+5 V、+10 V 或+15 V。

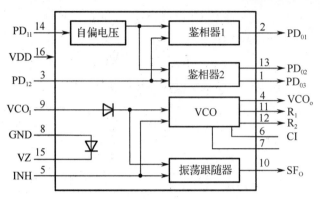

图 2.80　4046 锁相环功能框图

2. 4046 锁相环组成的频率调制器与频率合成器实验电路

4046 锁相环组成的频率调制器与频率合成器实验电路如图 2.81 所示。

1）频率调制器

当图 2.81 中的 14K02 和 14K02B 均拨向"1"时，4046 锁相环就构成了频率调制器。14P01 为外加输入信号连接点，是在测试 4046 锁相环同步带、捕捉带时用的，14R03、14C03 和 14R05 构成低通滤波器。14P02 为音频调制信号输入口，调制信号由 14P02 输入，通过 4046 锁相环的第 9 引脚控制 VCO 的振荡频率。由于此时的控制电压为音频信号，因此 VCO 的振荡频率也会按照音频的规律变化，即达到了调频。调频信号由 14P03 输出。由于 VCO 输出的是方波，因此本实验输出的是调频非正弦波。

2）频率合成器

当图 2.81 中的 14K02A 和 14K02B 均拨向"3"时，电路就变为频率合成器。频率合成器是在锁相环的基础上增加了一个可预置分频器。图 2.81 中，由 14U02（MC14522）、14U03（MS14522）构成二级可预置分频器，14U02、14U03 分别对应着总分频比 N 的十位分频器、个位分频器。模块上的两个 4 位红色拨动开关 14SW02、14SW03 分别控制十位数的分频比、个位数的分频比，它们以 8421BCD 码形式输入。拨动开关往上拨为"1"，往下拨为"0"。使用时按所需分频比 N 预置好 14SW02、14SW03 的输入数据，例如，当 $N=7$ 时，将 14SW02 置"0000"、14SW03 置"0111"；当 $N=17$ 时，将 14SW02 置"0001"、14SW03 置"0111"。但是应当注意，当 14SW03 置"1111"时，个位分频比 $N1=15$，如果当 14SW02 置"0001"时，此时的总分频比 $N=25$。因此为了计算方便，建议个位分频比的预置不要超过 9。

若要将可预置分频器的分频比 N 置为 1，则应将 14SW02 置为"0000"，14SW03 置为"0001"状态。这时，该电路就是一个基本锁相环电路。当二级可预置分频器的 N 值可由外部输入进行编程控制时，该电路就是一个锁相式数字频率合成器电路。

14P01 为外加基准频率输入铆孔，14TP01 为鉴相器输入信号测试点，也是分频器输出信号测试点。14P03 为 VCO 的输出信号铆孔。

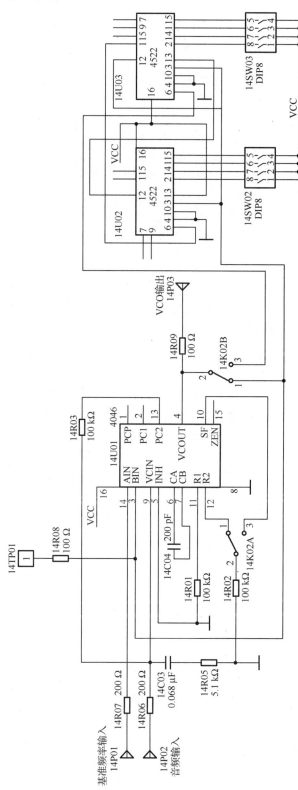

图 2.81　4046 锁相环组成的频率调制器与频率合成器实验电路

2.10.5 实验步骤

1. 实验准备

插装好锁相环、频率合成器、调频器模块，接通电源，即可开始实验。

2. 观察调频波形

观察时，将14K02、14K03均拨至"频率调制"，将开关14SW02、14SW03全部往下拨。

（1）将实验箱上低频信号源输出的正弦波［频率为4 kHz，幅度（峰-峰值）为4 V］作为调制信号加入本实验模块的输入端14P02，用示波器观察输出的调频方波信号（14P03）。在观察调频方波时，可调整音频调制信号的幅度，当电压幅值由零慢慢增加时，调频输出波形由清晰慢慢变模糊，或出现波形疏密不一致现象，表明是调频。

（2）将低频信号源输出的方波（频率为1 kHz）作为调制信号，用示波器再作观察和记录。

3. 同步带和捕捉带的测量

测量时，将14K02拨至"频率调制"、14K03拨至"频率合成"，将14SW02设置为"0000"、14SW03设置为"0000"。

做此项实验时需要几百千赫兹的函数信号发生器，以产生所需的外加基准频率（方波）。方法如下：将双踪示波器的CH1接14P03，将CH2接14P01，将外加基准信号接14P01。

首先调整外加基准频率 f_i，（f_i 在 100 kHz 左右），使锁相环处于锁定状态，即 14P03 与 14P01 的波形完全一致。然后慢慢减小基准频率，用双踪示波器仔细观察鉴相器输入（14P01）信号和输出（14P03）信号之间的关系，当两信号波形不一致时，表示锁相环已失锁，此时基准频率 f_i 就是锁相环同步带的下限频率 f_i'；慢慢增加基准频率 f_i，当发现两输入信号由不同步变为同步，且 $f_i = f_o$ 时，表示环路已进入锁定状态。此时 f_i 就是锁相环捕捉带的下限频率 f_1，继续增加 f_i，此时 f_o 将随 f_i 而变。但当 f_i 增加到 f_2' 时，f_o 不再随 f_i 而变，这个 f_2' 就是锁相环同步带的上限频率。然后再逐步降低 f_i，直至锁相环锁定，此时 f_i 就是锁相环捕捉带的最高频率 f_2，从而可求出：捕捉带 $\Delta f = f_2 - f_1$，同步带 $\Delta f' = f_2' - f_1'$。

同步带与捕捉带如图2.82所示。

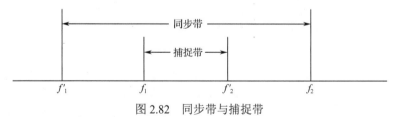

图 2.82　同步带与捕捉带

4. 频率合成器测量

测量时将14K02、14K03均拨至"频率合成"。

1）外加基准信号的设置

将底板低频信号源设置为方波（由P102输出），频率为2 kHz，将该信号作为外加基准

信号（或参考信号）。

2）信号线连接

将底板 P102 与 14P01 相连。

3）锁相环锁定测试

将 14SW02 设置为"0000"、14SW03 设置为"0001"（往上拨为"1"，往下拨为"0"），则分频器分频比 $N=1$。将双踪示波器探头分别接 14P01、14TP01，若两波形一致，则表示锁相环锁定。

4）数字频率合成器及频率调节

将双踪示波器探头，分别接至 14P01、14P03，改变分频器的分频比，使其分别等于 2、3、5、10、20，若 14P01、14P03 两处的波形同步，则表示锁相环锁定。并从示波器显示的波形，或用频率计测量 14P03 处的信号频率，它应等于输入信号频率的 N 倍。锁相环锁定时，参考频率等于输出频率，即 $f_R = f_N$，即 14P01 和 14TP01 两处的信号频率应相同，但两波形的占空比不一定相同。只有 $N=1$ 时占空比相同。

锁相环有一个捕捉带宽，当超过这个带宽时，锁相环就会失锁。本模块最小锁定频率约为 800 Hz，最大输出频率约为 350 kHz。因此，外加基准频率应大于 800 Hz。且当 $Nf_R > 350\,\mathrm{kHz}$ 时，锁相环将失锁。在测定最大分频比时，与输入的参考频率 f_R 有关。

测出 $f_R = 2\,\mathrm{kHz}$ 和 $f_R = 4\,\mathrm{kHz}$ 时的最大分频比。其方法是改变可预置分频器的分频比，使它不断增大，若 14P01、14P03 两处的波形仍然同步，则表示锁相环锁定，当 14P01、14P03 两处的波形不同步，即失锁时，此时的分频比为最大分频比（最小分频比为 1）。

分频比分别为 3 和 7 时的波形如图 2.83 所示。

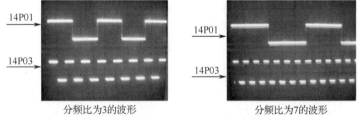

分频比为3的波形　　　　　　　　分频比为7的波形

图 2.83　分频比分别为 3 和 7 时的波形

2.10.6　实验报告要求

（1）测量并计算锁相环同步带和捕捉带。

（2）大致画出正弦波和方波调制时的调频波，并说明调频的概念。

（3）测量当外加基准频率为 2 kHz 时，频率合成器输出的最高频率。

实验 2.11　脉冲计数式鉴频器性能测试

2.11.1　实验目的

（1）加深对脉冲计数式鉴频器工作原理的理解。

（2）了解 555 集成电路实现单稳的原理。

（3）掌握脉冲计数式鉴频器的测试方法。

2.11.2 实验内容

（1）调频信号的产生。

（2）用示波器观察脉冲计数式鉴频器的输入信号、输出信号。

（3）观察输出信号波形是否失真。

2.11.3 实验原理

脉冲计数式鉴频器是利用计过零点脉冲数目的方法实现的，所以叫作脉冲计数式鉴频器。它的突出优点是线性好、频带很宽，因此得到广泛应用，并可做成集成电路。

脉冲计数式鉴频器的基本原理是将调频波的频率的变化规律变换为重复频率等于调频波频率的等幅等宽脉冲序列，再经低通滤波器取出直流平均分量，其原理方框图和波形图分别如图 2.84 和图 2.85 所示。

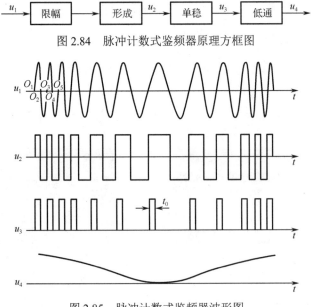

图 2.84　脉冲计数式鉴频器原理方框图

图 2.85　脉冲计数式鉴频器波形图

调频信号 u_1 经限幅加到形成级进行零点形成，这里可采用施密特电路，形成级给出幅度相等、宽度不同的脉冲信号 u_2 去触发一级单稳态触发器，这里采用正脉冲沿触发的方法，在触发脉冲作用下，单稳电路产生等幅等宽（宽度为 t_0）的脉冲序列 u_3。

频率是每秒内振动的次数，而单位时间内通过零点的数目正好反映了频率的高低。图 2.85 中，点 O_1、O_2、O_3、O_4…都是过零点的，其中点 O_1、O_3、O_5…是调频信号从负到正的，所以叫作正过零点；而点 O_2、O_4…是从正到负的，所以叫作负过零点。图 2.85 是以正过零点进行解调的（也可用负过零点进行解调）。由 2.85 中 u_1 和 u_3 的波形可看出，单位时间内，矩形脉冲的个数直接反映了调频信号的频率，即矩形脉冲的重复频率与调频信号的

瞬时频率相同。因此若对矩形脉冲计数，则单位时间内脉冲数的多少，就反映了脉冲平均幅度的大小，在频率较高的地方，脉冲序列拥挤，直流分量较大；在频率较低的位置，脉冲序列稀疏，直流分量就很小。如果低通滤波器取出脉冲序列的平均直流成分，那么就能恢复低频调制信号 u_4。

2.11.4　实验电路

由于 4046 锁相环组成的频率调制器的输出为调频方波，即"限幅"与"形成"已在调频电路中完成，因此本实验构成脉冲计数式鉴频器只需"单稳"和"低通"。图 2.86 为 555 芯片构成的单稳电路图。图 2.86 中，15P01 为单稳输入端，15P02 为单稳输出端。图 2.87 为低通滤波器电路图。图 2.27 中，15P03 为信号输入端，15P04 为滤波输出端。

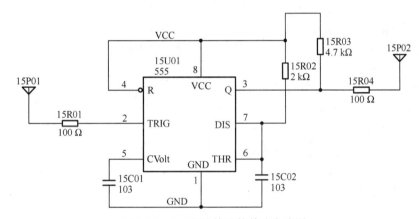

图 2.86　555 芯片构成的单稳电路图

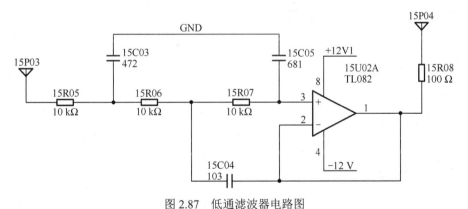

图 2.87　低通滤波器电路图

2.11.5　实验步骤

1．实验准备

在实验箱主板上装上锁相环、频率合成器、调频器模块和滤波与计数鉴频模块，接通电源，即可开始实验。

2. 信号线连接

音频调制信号（频率为 2 kHz 的正弦波）与调频输入（14P02）相连，调频输出（14P03）与单稳输入（15P01）相连，单稳输出（15P02）与低通滤波器输入（15P03）相连。

3. 调频信号的产生

按照 2.9.5 节中的"相位鉴频实验"产生调频波。

4. 鉴频信号的观测

用示波器测量低通滤波器输出波形（鉴频后的输出波形），该波形应与调制信号一致。但由于低通滤波器截止频率设置为 4 kHz，调制信号的谐波也可能通过低通滤波器，因此，低于 4 kHz 的调制信号，其鉴频后的输出波形将产生失真。

2.11.6 实验报告要求

（1）观察并记录解调后的波形。
（2）画出由调频器和鉴频器构成系统通信的电路示意图。
（3）总结本实验所获得的体会。

实验 2.12 自动增益控制（AGC）性能测试

2.12.1 实验目的

（1）不接 AGC 电路，改变中频放大器输入信号幅度，用示波器观察中频放大器输出波形。
（2）接通 AGC 电路，改变中频放大器输入信号幅度，用示波器观察中频放大器输出波形。
（3）改变中频放大器输入信号幅度，用三用表测量 AGC 电路的控制电压变化情况。

2.12.2 实验内容

（1）控制电压的测试。
（2）不接 AGC 电路时，输出电压的测试。
（3）接上 AGC 电路时，输出电压的测试。

2.12.3 实验原理

接收机在接收来自不同电台的信号时，由于各电台的功率不同，与接收机的距离又远近不一，因此接收的信号强度变化范围很大，如果接收机增益不能控制，一方面不能保证接收机输出适当的声音强度；另一方面，在接收强信号时易引起晶体管过载，即产生大信号阻塞，甚至损坏晶体管或终端设备，因此，接收机需要有增益控制设备。常用的增益控制有人工和自动两种，本实验采用自动增益控制（简称 AGC）电路。

为实现 AGC，首先要有一个随外来信号强度变化的电压，然后用这一电压去改变被控级增益。这一控制电压可以从二极管检波器中获得，因为在检波器输出中，包含直流成

分，并且其大小与输入信号的载波大小成正比，而载波的大小代表了信号的强弱，所以在检波器之后接一个 RC 低通滤波器，就可获得直流成分。AGC 的原理方框图如图 2.88 所示，这种反馈式调整系统也称闭环调整系统。

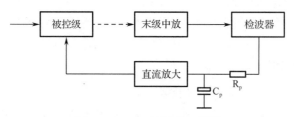

图 2.88　AGC 的原理方框图

2.12.4　实验电路

AGC 电路图如图 2.89 所示。

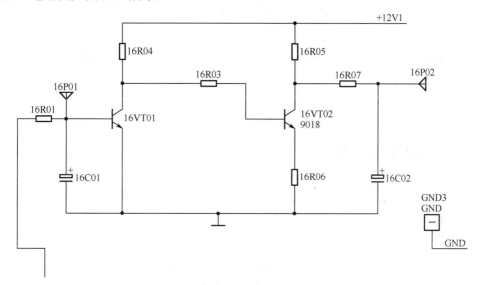

图 2.89　AGC 电路图

图 2.89 中，16R01、16C01 和 16R07、16C02 为 RC 滤波电路。16VT01、16VT02 为直流放大器。当采用 AGC 时，16P02 应与中频放大器的 7P03 相连，这样就构成了一个闭合系统。

AGC 的过程：当信号增大时，中频放大器输出信号幅度增大，使得检波器直流分量增大，AGC 电路输出端 16P02 的直流电压增大。该控制电压加到中频放大器第一级的发射极 7P01，使得该级增益减小，这样就使输出信号基本保持平稳。

2.12.5　实验步骤

1. 实验准备

在实验箱主板上插上中频放大器模块、二极管检波与 AGC 模块，接通实验箱和各模块电源，即可开始实验。

2. 控制电压的测试

将高频信号源信号的频率设置为 2.5 MHz，其输出与中频放大器的输入（7P01）相连，中放输出与二极管检波器输入相连。

用三用表直流电压挡或示波器直流位测试 AGC 电路的控制电压，改变高频信号源的输出信号幅度，观察 AGC 电路的控制电压的变化。可以看出当高频信号源的输出信号幅度增大时，AGC 电路的控制电压也增大。

3. 不接 AGC 电路时，输出信号的测试

上述步骤 2 的状态因为 AGC 电路的输出没有与中频放大器的输入相连，即没有构成闭环，所以 AGC 电路没有起控制作用。在上述状态中，用示波器测试中频放大器输出（7TP02）波形或检波器输入（10TP01）波形，可以看出，当增大高频信号源的输出信号幅度时，中频放大器的输出信号幅度随之增大。

4. 接通 AGC 电路时，输出信号的测试

在步骤 2 的状态下，再将 AGC 电路的 16P02 与中频放大器的 7P03 相连，这样就构成了闭环，即 AGC 电路开始起作用。用示波器测试中频放大器输出（7TP02）波形或检波器输入（10TP01）波形。可以看出，当增大高频信号源的输出信号幅度时（小于 100 mV），中频放大器的输出信号幅度也随着增大，当高频信号源的输出信号幅度继续增大时，中频放大器的输出信号幅度增加不明显，这说明 AGC 电路起到了控制作用。

2.12.6 实验报告要求

（1）在实验中测出中频放大器输入信号多大幅度时，AGC 电路开始起控？
（2）AGC 电路中的 RC 低通滤波器的作用是什么？
（3）归纳总结 AGC 电路的控制过程。

实验 2.13 调幅发射与接收完整系统的联调

2.13.1 实验目的

（1）在调幅限发射与接收完整的联调实验的基础之上掌握调幅发射机、调幅接收机的组成原理，建立调幅通信系统的概念。
（2）掌握系统联调的方法，培养解决实际问题的能力。

2.13.2 实验内容

完成调幅发射机、调幅接收机的整机联调。

2.13.3 实验原理及整机连接方式

1. 方案一

图 2.90 为方案一的收发系统连接图。

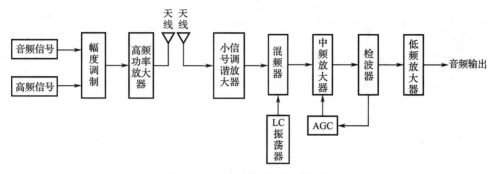

图 2.90　方案一收发系统连接图

（1）调幅发射机的分联实验：按照图 2.90 左侧的调幅发射机原理框图连接好各模块线路，接通各模块电源。将信号发生器或 LC 振荡器输出的频率为 6.3 MHz 的正弦波信号作为高频信号，将信号发生器输出的频率为 1 kHz 的正弦波信号作为音频信号，这两种信号经幅度调制后，再经高频功率放大器放大后通过天线发射出去。用示波器对各模块输入波形、输出波形进行观察，并调整各模块可调元件使输出波形达到最佳状态。改变高频信号和音频信号的输出幅度，观察各测量波形的变化。

（2）按照图 2.90 右侧的调幅接收机原理框图连接好各模块线路，接通各模块电源。将幅度调制电路的载波频率设置为 6.3 MHz，音频信号频率设置为 1 kHz，调幅波的幅度调整为 100 mV 左右，LC 振荡器（本振信号）的频率设置为 8.8 MHz。用示波器测试和观察各模块输入波形、输出波形，并调整各模块可调元件，使输出波形达到最佳状态。

该方案为无线收发系统，收、发各为一个实验箱，相距 2 m 左右。该实验在上述发射机和接收机调好的基础上进行，其连接与调整和上述基本相同。不同的是，接收机接收的信号为发射机发出的信号。

在发射方：高频信号作为载波，其频率设置为 6.3 MHz。音频信号可以是语音信号，可以是音乐信号，也可以是固定的单音频信号。高频信号与音频信号经幅度调制后变为调幅波，然后送往高频功率放大器（注意高频功率放大器模块的跳线器 11K05 要插上），经高频功率放大器放大后，通过天线发射出去。

在接收方：在天线上接收到发射方发出的信号，然后送往小信号调谐放大器（调谐回路放大器模块），小信号调谐放大器的频率应与发射方频率一致，接收到的信号经放大后送往混频器，混频器采用晶体三极管混频或集成乘法器混频模块，送往混频器的本振信号可以用 LC 振荡器产生，也可以用晶体振荡器产生，其频率为 8.8 MHz。经混频器后输出频率约为 2.5 MHz 的调幅波。中频放大器为中频放大器模块，其谐振频率为 2.5 MHz。图 2.90 中，检波器、低频放大器、AGC 为同一模块，即二极管检波与 AGC 模块。AGC 电路可接可不接，需要时用连接线与中频放大器（7P03）相连。经检波后输出与发射方音频信号相一致的波形，低频放大器输出的信号送往底板低频信号源部分功放输入端（P104），并通过该部分的扬声器发出声音。声音大小可通过功放调节电位器 W103 来调节。

2. 方案二

图 2.91 为方案二的收发系统连接图。

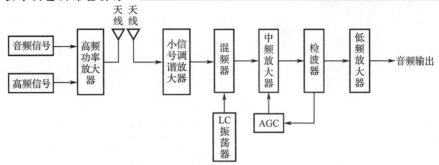

图 2.91　方案二收发系统连接图

该方案同样为无线收发系统，但该系统可在一个实验箱上进行，与方案一基本相同，不同的是发射部分，高频信号与音频信号送入高频功率放大器后，在高频功率放大器上直接进行调幅，放大后通过天线发射出去。高频信号的频率同样为 6.3 MHz，音频信号首先选择单音频正弦波（如 1 kHz），待高频功率放大器调整好后再选择音乐信号或语音信号。在调试时，需要改变高频信号和音频信号的幅度，使高频功率放大器获得较大的发射功率（注意高频功率放大器模块上的跳线器 11K05 要拔掉，使高频功率放大器工作于丙类状态）和较好的输出波形（不失真）。接收部分与方案一完全相同，不再赘述。

2.13.4　实验步骤

（1）按以上方案的连接图插好所需模块，用铆孔线将各模块输入、输出连接好，接通各模块电源。

（2）将发射方高频信号的频率设置为 6.3 MHz，低频信号的频率设置为 1 kHz。

（3）用示波器测试各模块输入波形、输出波形，并调整各模块可调元件，微调高频信号的频率及幅度，使输出波形达最佳状态。

2.13.5　实验报告要求

（1）画出无线收发系统方案中各方框输入波形、输出波形，并标明其频率。

（2）记录实验数据，并做出分析和写出实验心得体会。

实验 2.14　调频发射与接收完整系统的联调

2.14.1　实验目的

（1）在调频发射与接收完整系统的联调实验的基础上掌握调频发射机、调频接收机的组成原理，建立调频通信系统的概念。

（2）掌握收发系统的联调方法，培养解决实际问题的能力。

2.14.2　实验内容

完成调频发射机、调频接收机的整机联调。

2.14.3　实验原理及整机连接方式

图 2.92 为简易的调频无线收发系统。该收发系统可在一个实验箱上进行，也可在两个实验箱上进行。在两个实验箱上进行时，一方为发射方，另一方为接收方，但双方距离在 2 m 以内。

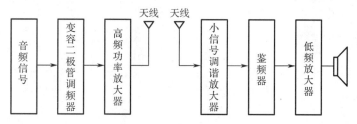

图 2.92　简易的调频无线收发系统

图 2.92 中的音频信号可由实验箱底板上的低频信号源提供，音频信号可以是语音信号，也可以是音乐信号，还可以是函数信号发生器产生的低频信号。输出的音频信号对变容二极管调频器进行调频。将变容二极管调频器的载频调至 6.3 MHz（调整 12W01）。图 2.92 中的高频功率放大器为高频功率放大与发射实验模块，其谐振频率约为 6.3 MHz。变容二极管调频器输出的调频信号送入高频功率放大器，经放大后通过天线发射出去。接收方的小信号调谐放大器采用调谐回路放大器模块，其谐振频率约为 6.3 MHz。收到的信号经小信号调谐放大器放大后，直接被送往鉴频器进行鉴频，鉴频器采用斜率鉴频与相位鉴频模块。经鉴频后得到与发射方相一致的音频信号，然后送到低频放大器进行放大，最后通过扬声器发出声音。该低频放大器可采用实验箱底板低频信号源部分的功率放大器。

2.14.4　实验步骤

（1）按图 2.92 插好所需模块，用铆孔线将各模块输入、输出连接好，接通各模块电源。

（2）将变容二极管调频器的载频调到 6.3 MHz，将低频信号源设置为 1 kHz 的正弦波（也可设置为音乐信号）。

（3）将高频功率放大与发射实验模块中的开关 11K01、11K03 拨向左侧，将开关 11K02 往上拨，并将天线拉好。

（4）将调谐回路放大器模块的天线拉好，将斜率鉴频与相位鉴频模块中的开关 13K03 拨向"相位鉴频"或"斜率鉴频"。

（5）此时在扬声器中应能听到音频信号的声音，如果听不到声音或者失真，可微调变容二极管调频器的频率，以及调整调谐回路放大器模块和斜率鉴频与相位鉴频模块的电位器。

（6）用示波器测试各模块输入波形、输出波形，并调整各模块可调元件，使输出达最佳状态。

2.14.5　实验报告要求

（1）画出图 2.92 各方框输入波形、输出波形，并标明其频率。

（2）记录实验数据，并做出分析和写出实验心得体会。

第**3**章

高频电子技术课程设计

本课程设计是在电路基础、低频电子线路与高频电子线路等课程的基础上完成的，主要目的是让学生加深对高频电子线路理论知识的掌握，使学生能把所学的理论知识系统地、高效地贯穿到实践中，避免理论与实践脱离，同时提高学生的动手能力和学习兴趣，并在实践中不断完善理论基础，有助于培养学生的综合能力。

本课程设计要求每个同学独立完成电路原理、电路仿真、电路制作、电路调试等整个电子电路设计的流程。其具体要求如下：先利用高频电子线路的相关理论知识，设计所分配电路题目和要求。通过电路仿真软件 Multisim 对所设计电路予以软件仿真，在仿真无误后，列出所需元器件清单，领取相应元器件，然后进行电路焊接、组装与调试。

综合实验课题 3.1　LC 振荡器设计

3.1.1　训练目的

（1）掌握 LC 振荡器的工作原理。
（2）熟悉 LC 振荡器的振荡条件和振荡频率的计算。
（3）学会 LC 振荡器的安装与调试技术。

3.1.2　仪器设备与元器件

1. 仪器设备

万用表一块，示波器一台，直流稳压电源一台，频率计一台。

2. 元器件

三极管：2SC1906×2，变容二极管：ISV149×1，电阻：47 kΩ×3、1.5 kΩ×1、2 kΩ×1、4.7 kΩ×1、33 kΩ×1、22 kΩ×1、220 Ω×1、50 Ω×1，电解电容：22 μF×1，瓷片电容：0.01 μF×5、22 pF×1、680 pF×1，变阻器：10 kΩ×1、2 kΩ×1，电感线圈：1.45 μH（FCZ21）×1、120 μH×1。

3.1.3 制作电路

图 3.1 为电感三端式振荡器电路，该电路的特点：易起振，振荡频率调节方便，可作为载波信号、本振信号产生电路。本实验的电路由 LC 高频振荡器电路和输出缓冲电路两部分组成。

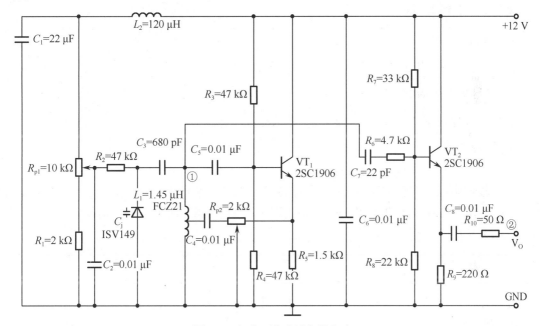

图 3.1 电感三端式振荡器电路

图 3.1 中，由三极管 VT_2 及其外围元件构成一个射极跟随器作为振荡器电路的输出缓冲器，其具有高输入阻抗、低输出阻抗的特性。输出缓冲器介于振荡器电路和负载之间，使得振荡器电路不受负载的影响。由于射极跟随器输出阻抗很小，几乎为 0，因此，串联 50 Ω 电阻输出。在振荡器和输出缓冲器之间由一个 4.7 kΩ 的电阻和 22 pF 的电容相串联来连接，目的是避免输出缓冲器对振荡器电路的影响。

图 3.1 中，由三极管 VT_1 及电感 L_1、变容二极管 C_j 及电容 C_3 等构成电感三端式振荡器电路。此振荡器电路的三极管 VT_1 使用的是 VHF 频带放大用的 2SC1906（日立）。2SC1906 的特性：f_T 为 1000 MHz，足够使用。此振荡器电路的静态工作点由两个 47 kΩ 电阻与连接在发射极的 1.5 kΩ 的电阻所决定，使其工作在线性放大状态。其中通过变阻器 R_{P2} 调整反馈量。将变阻器 R_{P2} 往最左侧调整，电阻值为最大，反馈量为最小，振荡可能会停止。从此点往右侧调整，电阻值逐渐减小，反馈量逐渐增加，当 AF>1 时，便开

始发生振荡。可是，将变阻器 R_{P2} 调整至太小值时，反馈量增加太多，也会使波形发生失真。通过变阻器 R_{P1} 调节加在变容二极管 C_j 两端的电压来改变变容二极管 C_j 的容量，从而改变振荡器的振荡频率。首先，将变阻器 R_{P1} 调整至最左端，使加在变容二极管 C_j 上的电压最小，此时的电压约为 2 V，振荡频率约为 9 MHz。接着，将变阻器 R_{P1} 调整至最右端，使加在变容二极管 C_j 上的电压最大（12 V），确认此时的振荡频率约为 30 MHz。振荡频率为

$$f = \frac{1}{\sqrt{L_1 \left(\dfrac{C_j C_3}{C_j + C_3} \right)}}$$

3.1.4 训练步骤

1. 自制电路板

按图 3.1 自制一块电路板。

2. 按照电路图焊制电路

检查、处理元器件，按照电路图将电路焊好。

3. 电路的调整

（1）检查电路的安装、焊接有无错误。

（2）接通电源，调整变阻器 R_{P2}，将示波器分别接在测试点①和②上，通过调节变阻器 R_{P2}，观察输出信号波形的变化，调至满足振荡器的起振条件时，在示波器屏幕上显示不失真的正弦波信号。

（3）连续调节变阻器 R_{P1}，将示波器分别接在测试点①和②上，电路正常时可显示频率也在连续变化的正弦波信号。

（4）在以上调试完毕，电路正常工作后，就可以进行相关的实验操作。

4. 观察测试点波形

利用示波器分别观察测试点①、②上的波形。电路正常时，调节变阻器 R_{P1}，通过示波器观察并测出输出信号的最高频率 f_H 和最低频率 f_L，与理论上计算的频率进行比较，特别是最高频率 f_H 的实际测得的频率比理论值低，这是因为频率越高，分布电容的影响越显得突出而不可忽视。测试点②上的输出电压为在无负载时的输出缓冲器的输出电压。当测试点②上的输出信号频率改变时，其输出电压的大小也随之改变，频率越低，振荡器输出电压会越小。理由：在振荡频率低时，即 R_{P1} 值很小时，变容二极管 C_j 的 Q 值会降低，使振荡器电路的损失增大而降低其输出电压值。观察测试点①、②上的波形，比较其失真大小，分别画出测试点①、②上的波形，并分析其原因。

3.1.5 实验总结

根据上述测试结果，总结 LC 振荡电路的工作原理。

综合实验课题 3.2 高频小信号调谐放大器设计

3.2.1 训练目的

（1）提高学生实际的工艺技能。
（2）观测小信号调谐放大器的工作特性。
（3）测量小信号调谐放大器的增益和通频带（BW）。
（4）提高学生的调试电路的综合能力。

3.2.2 仪器设备与元器件

函数信号发生器，双踪示波器，毫伏表，频率计，直流稳压电源，三极管 9013，电容：47 μF、0.01 μF×2、220 pF，电阻：10 kΩ×2、20 kΩ、1 kΩ，电位器 100 kΩ，电感：220 μH。

3.2.3 制作电路

高频小信号调谐放大器制作电路如图 3.2 所示。由三极管 9013 及其外围电路组成高频小信号谐振放大器，其中由 220 μH 的电感和 220 pF 的电容组成 LC 谐振回路，作为三极管的集电极负载。

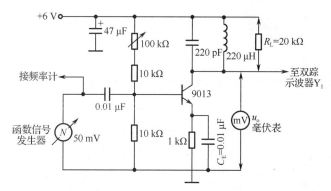

图 3.2 高频小信号调谐放大器制作电路

3.2.4 训练步骤

（1）首先按图 3.2 安装、焊接并接好高频小信号调谐放大器。
（2）测量高频小信号调谐放大器的增益与通频带。将集电极电流调至 1 mA（可采用测发射极电阻上的压降来判断），将函数信号发生器置于 100 kHz～1 MHz 挡，将信号源调至 50 mV，调节函数信号发生器频率，直至输出 u_o 最大时为谐振点，此时 u_o 和 u_i 的比值为谐振增益。然后改变频率，每隔 10 kHz 左右记录一次频率及该频率所对应的 u_o 值，画出 u_o 与频率的对应关系曲线，即高频小信号调谐放大器的幅频特性曲线。从幅频特性曲线上估算出 u_o 下降到最大值的 0.7 倍时的上限频率、下限频率，它们的差值为高频小信号调谐放大器的通频带。

（3）观察负载变化对幅频特性的影响。在图 3.2 中的 220 μH 电感的两端并接一个 20 kΩ 的电阻后，再按第二步的测量方法进行测量，并画出对应的幅频特性曲线，比较接入负载后幅频特性的变化情况（增益及通频带）。

（4）改变集电极电流，观测其对幅频特性的影响。调节 100 kΩ 偏置电阻器，集电极电流从 2 mA 开始，每降 0.2 mA，观测记录一次增益及通频带，从而了解集电极电流对增益及通频带的影响。

（5）观察有无发射极电容对增益及通频带的影响。将图 3.2 中的发射极旁路电容 C_E 去掉，使电路引入交流负反馈，观测此种情况下谐振时的增益及通频带。分析增益及通频带与发射极旁路电容 C_E 的关系，并分析原因。

3.2.5　实验总结

根据上述测试结果，总结高频小信号调谐放大器的工作原理。

综合实验课题 3.3　高频功率放大器设计

3.3.1　训练目的

（1）掌握高频功率放大器工作原理。
（2）学会高频功率放大器的安装及调试技术。

3.3.2　仪器设备与元器件

1. 仪器设备

示波器一台，直流稳压电源一台，函数信号发生器一台，万用表一块。

2. 元器件

三极管 3DA107，可调电容：10 pF、16 pF、17 pF、45 pF，高频旁路电容：0.01 μF，高频扼流线圈：280 nH×2，电感线圈：16 nH、97 nH，电阻：50 Ω×2。

3.3.3　制作电路

图 3.3 为 160 MHz、13 W 的功率放大器电路。该功率放大器功率增益达 9 dB，向负载提供 13 W 的功率。基极采用近似零偏压电路，使该功率放大器工作在丙类状态，集电极采用并馈电路。L_c 为高频扼流线圈，C_c 为高频旁路电容。C_1、C_2、L_1 构成输入 T 形匹配网络，调节 C_1 和 C_2 可使本级输入阻抗等于前级放大器要求的 50 Ω 的匹配电阻，以传输最大功率。C_3、C_4、L_2 构成输出 L 形匹配网络，调节 C_3、C_4 可使负载阻抗变换为功率放大器所要求的匹配电阻。

3.3.4　训练步骤

（1）按图 3.3 制作一块电路板（工艺自己设计）。
（2）检查、处理元器件，按电路图焊好。

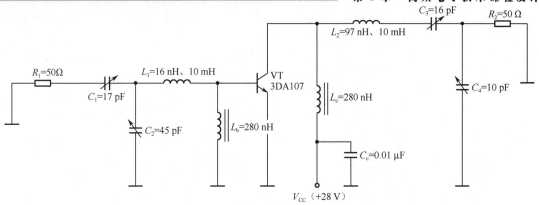

图 3.3　160 MHz、13 W 的功率放大器电路

（3）检查电路的安装有无错误。

（4）将函数信号发生器输出的频率为 160 MHz 的正弦波信号作为高频功率放大器的输入信号，调节可调电容，用示波器观察电路的输入信号、输出信号，使得输出信号不失真，并测量相关数据。

3.3.5　实验总结

根据测试结果，总结丙类高频功率放大器的工作原理。

综合实验课题 3.4　调幅发射机设计

3.4.1　训练目的

（1）掌握无线调幅通信原理。

（2）熟悉无线调幅通信系统的发送设备的组成方框图。

（3）学会小功率调幅发射机的安装与调试技术。

3.4.2　仪器设备与元器件

1．仪器设备

示波器一台，直流稳压电源一台，超外差收音机一部，录音机一部，万用表一块。

2．元器件

瓷片电容：0.01 μF×7、120 pF、300 pF、68 pF，电解电容：10 μF×2、100 μF，电阻：6.2 kΩ×3、33 kΩ×2、56 Ω、1 kΩ×2、8.2 kΩ、10 kΩ、2 kΩ、150 Ω、680 kΩ、47 kΩ、220 Ω，电位器：1 kΩ，三极管：3DG6B×2、3DG12B，变压器：TTL.3×3型，耳机插孔，自制天线。

3.4.3　制作电路

图 3.4 为小功率调幅发射机电路，其特点是电路简单、取材方便、调试容易、实验效果

良好。该电路可用来做调幅广播与接收、无线电话等多项电路实验。该电路由低频振荡（低频放大）电路、高频振荡电路及调制发射电路组成。

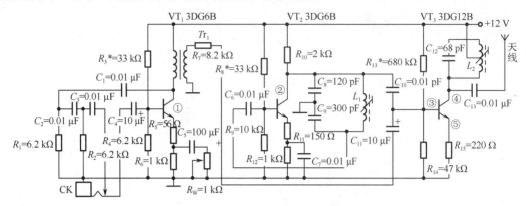

图3.4　小功率调幅发射机电路

其中三极管 VT_1 及其外围元件构成 RC 振荡器。$F = 1/2\pi RC = 1\,kHz$，输出的信号作为低频调制信号。当插头插入插口 CK 后，RC 振荡器变为低频放大器，可由外部输入音频信号，经放大后作为低频调制信号。变阻器 R_W、电解电容 C_5 构成交流负反馈网络，调节变阻器 R_W 可连续地改变交流负反馈的强度，改变放大器的增益，从而改变输出的低频振荡信号或音频信号的幅度，所以变阻器 R_W 可作为调幅系数调节电位器。变压器 Tr_1 可采用收音机中低放电路的输入变压器。三极管 VT_2 及其外围元件构成电容三端式振荡器，该振荡器电路输出的高频等幅正弦波信号作为高频载波信号，其频率为 f_c。电感 L_1 采用 TTL.3 中周的初级线圈。三极管 VT_3 及其外围元件构成调制发射电路。由于硅管发射极的门限电压高，因此为提高调制灵敏度和减小调制失真，需要给三极管 VT_3 的发射极加上适当的正向偏压（$0.4 \sim 0.5\,V$），使其工作状态接近于乙类。

当低频调制信号（频率为 F）和高频载波信号（频率为 f_c）同时加到三极管 VT_3 的基极上时，由于发射极的非线性，输出电流中除了基波分量 F 和 f_c，还产生了一系列谐波分量，包括差频分量 $f_c - F$ 及和频分量 $f_c + F$。将三极管 VT_3 的集电极负载 LC 回路调谐在 f_c 上，因 LC 回路的选频作用，该回路便产了由 f_c、$f_c - F$、$f_c + F$ 组成的调幅信号。调幅信号由天线发射出去。电感 L_2 采用 TTL.3 中周的初级线圈。

3.4.4　训练步骤

（1）按图3.4自制一块电路板（工艺自己设计）。

（2）检查、处理元器件，按电路图焊好。

（3）检查电路的安装有无错误。

（4）接通电源，调整电阻 R_3，使 $I_{c1} = 2\,mA$。将示波器接在测试点①（三极管 VT_1 的集电极）上，电路正常时可显示出频率 $F = 1\,kHz$ 的正弦波。若无正弦波出现，则需调节变阻器 R_W 提高放大器的增益，以使电路起振。调节变阻器 R_W 观察振荡波形幅度的连续变化，其峰-峰值最大可达 10 V。

（5）断开电容 C_6，调整电阻 R_6，使 I_{c1} 为 0.6～0.8 mA。

（6）接上电容 C_6，将示波器接到测试点②（三极管 VT_2 的集电极）上，电路正常时可显示出 $f_c = 750\ kHz$、峰-峰值在 $10\ V$ 以上的正弦波。调节电感 L_1 的磁芯可微调 f_c；若想要较大范围地改变 f_c，则需改变电容 C_8 或电容 C_9。

（7）调整电阻 R_{13}，使 V_{B3} 为 $0.4 \sim 0.5\ V$。

（8）在以上调试完毕，电路工作正常后，就可以进行相关的实验操作了。利用示波器测出 F、f_c 的值，分别观察测试点③、④、⑤上的波形。测试点③上为 F、f_c 线性叠加的波形；当电路正常时，在测试点④上可观察到由 f_c、$f_c - F$、$f_c + F$ 所组成的调幅信号的波形，适当调节 R_W 及 L_2 的磁芯，可得到峰-峰值达 $20\ V$ 且不失真的调幅波。调节 R_W 可连续稳定地改变调幅系数。测试点⑤上的波形是由发射极对测试点③上线性叠加的信号经高频整流后产生的脉冲电压波形。将测试点①、②、③、④、⑤上的波形画下来，根据测试结果，总结调幅电路的工作原理。

（9）功能调试，用录音机录下一段语音信号，将语音信号音频接入端子接到 CK，在相隔几十米的地方用调幅收音机调到发射频率上接收我们的语音信号。

3.4.5　实验总结

根据测试结果，总结调幅发射机的工作原理。

综合实验课题 3.5　调频发射机设计

3.5.1　训练目的

（1）掌握无线调频通信原理。
（2）熟悉无线调频通信系统的发送设备的组成方框图。
（3）学会小功率调频发射机的安装与调试技术。

3.5.2　仪器设备与元器件

1. 仪器设备

示波器一台，直流稳压电源一台，频率计一台，调频收音机一部，万用表一块。

2. 元器件

集成块 LM386，电解电容：$10\ \mu F \times 3$、$100\ \mu F$，瓷片电容：$0.01\ \mu F$、$27\ \mu F$ 或 $30\ \mu F$、$10\ pF \sim 35\ pF$、$3\ pF$、$332\ pF$，三极管：3DG9018，电阻：$100\ \Omega \times 2$、$20\ k\Omega$、$4.7\ k\Omega$、$1\ M\Omega$，传声器，自制电感。

3.5.3　制作电路

图 3.5 为小功率调频发射机电路。小功率调频发射机电路的特点是电路简单、取材方便、调试容易、实验效果良好。可用该电路来做调频广播、无线传声器等多项实验。该电路由低频放大电路、高频振荡器电路及调频电路组成。

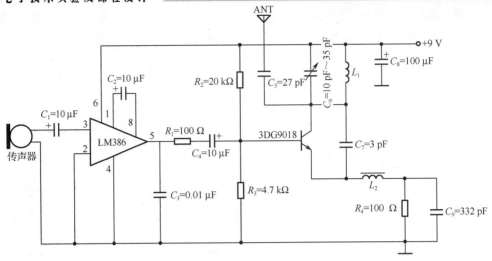

图 3.5　小功率调频发射机电路

其中，集成块 LM386 及其外围元件构成三级放大电路。传声器音频信号由 3 号引脚、2 号引脚输入，经过集成块 LM386 三级放大后得到低频调制信号并由 5 号引脚输出。

低频调制信号加至三极管 3DG9018 的基极上，同时三极管 3DG9018 与 L_1、C_5、C_6、C_7 等组成高频振荡器电路，产生高频载波信号，利用三极管 3DG9018 来实现低频调制信号和高频载波信号的频率调制，产生调频信号，电感 L_1 同时兼做天线发射信号，再利用调频收音机接收信号，通过调节电感 L_1 和振荡电容可以调节高频载波频率，使其振荡频率在 88 MHz～108 MHz。

3.5.4　训练步骤

（1）按图 3.5 制作一块电路板（工艺自己设计），电感 L_1 用 1 mm 铜丝顺时针绕 6 圈（直径 8 mm）左右，高频扼流圈 L_2 用 $R \geqslant 1 M\Omega$ 的电阻，在其上绕100圈左右。

（2）检查、处理元器件，并按电路图焊好。

（3）检查电路的安装有无错误。

（4）接通电源，调整电阻 R_3，使三极管 3DG9018 基极电位在 1.5 V 左右。将示波器接在 LM386 的 5 号引脚，并观察调制信号，电路正常时可显示出随传声器声音波动的信号。将示波器接三极管 3DG9018 的基极引脚，能够观察到调频信号，用频率计能检测到 88 MHz～108 MHz 的频率波动信号。

（5）在以上调试完毕，电路工作正常后，就可以进行相关的实验操作了。利用示波器测出音频信号、高频载波信号的波形特点。根据测试结果，总结调频电路的工作原理。

（6）功能调试，利用调频收音机接收传声器声音，在相隔几十米的地方用调频收音机调到发射频率上接收我们的音频信号。

3.5.5　实验总结

根据测试结果，总结调频发射机的工作原理。

附录 A　Multisim 仿真软件的使用方法

Multisim 是 IIT（Interactive Image Technologies）公司推出的，专用于电子线路设计和仿真的 EDA 软件，在保留了 EWB 以往版本形象、直观等诸多优点的基础之上，大大增强了软件的仿真测试和分析功能，同时还扩充了元器件库中仿真元器件的数量和种类，使得仿真设计的结果更精确、更可靠。

Multisim 12.0 有如下主要功能和特点。

（1）用户界面友好。整个操作界面就像一个电子实验工作台，绘制电路所需的元器件和仿真分析所需要的仪器仪表均可以用鼠标直接拖动到屏幕上，通过鼠标连线，形成完整的电路。在分析调试过程中，可以根据需要随时更改元器件的参数，极大地提高了设计人员的工作效率。

（2）提供了丰富的元器件库和多种分析仪器仪表，便于各种电路的设计和仿真。

（3）提供了完备的分析功能，通过分析功能，无须使用虚拟仪器仪表就可以确定电路的工作性能。

Multisim 12.0 以图形界面为主，采用菜单、工具栏和快捷键相结合的方式，具有一般 Windows 应用软件的界面风格，用户可根据自己的习惯和熟悉程度自如使用。

由于 Multisim 12.0 功能强大，此处只介绍其基本使用方法，更详细的方法与技巧请阅读相关资料。

A.1　Multisim 12.0 的主窗口界面

启动 Multisim 12.0 后，将出现如图 A.1 所示的主窗口界面，其基本操作界面包括工作电路区、菜单栏、扩展条、元器件列表等。通过对各部分的操作可以实现电路的输入、编辑，并根据需要对电路进行相应的观测和分析。

菜单栏位于界面的上方，通过菜单可以对 Multisim 12.0 的所有功能进行操作。菜单栏提供一些与 Windows 应用软件一致的功能选项，如 File、Edit、View、Options、Help 等。此外，还有一些 EDA 软件专用的选项，如 Place、Simulate、Transfer 及 Tools 等，主要提供对电路的编辑与仿真等操作选项。

设计工具箱位于基本操作界面的左半部分，主要用于层次电路的显示和新建、保存文件等快捷操作。

通过工具栏，用户可以方便直观地使用软件的各项功能。工具栏有很多，常用的有 Components（设计）工具栏、Instruments（仪器）工具栏、Simulation（模拟）工具栏。

（1）Components 工具栏是 Multisim 12.0 的核心工具栏。通过对该工具栏按钮进行操作，可以完成电路设计的全部工作，其中的按钮可以直接开/关下层的工具栏来完成对各种元器件的选择。该工具栏有 18 个按钮，每个按钮都对应一类元器件，其分类方式和 Multisim 12.0 中元器件数据库的分类相对应，通过按钮上的图标就可以大致清楚该类元器件的类型。具体内容可以从 Multisim 12.0 的在线文档中获取。

（2）Instruments 工具栏包含了 Multisim 12.0 为用户提供的所有虚拟仪器仪表，用户可以通过按钮选择自己需要的仪器对电路进行观测和仿真。

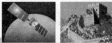

（3）Simulation 工具栏可以控制电路的开始、结束和暂停。

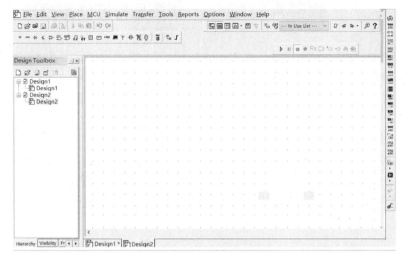

图 A.1　主窗口界面

A.2　电路编辑

输入电路图是分析和设计工作的第一步，用户从元器件库中选择需要的元器件放置在电路图中并连接起来，为分析和仿真做准备。

1. 设置 Multisim 12.0 的通用环境变量

为了适应不同用户的需求和习惯，用户可以选择 Edit→Properties 菜单命令或在工作电路区中右击鼠标，打开 Sheet Properties 对话框（属性对话框），如图 A.2 所示。通过该对话框的 6 个选项卡，用户可以就对 Colors、Workspace、Wiring 等内容进行相应的设置。

图 A.2　Sheet Properties 对话框 1

以 Workspace（工作区）为例，当单击该选项卡时，对话框如图 A.3 所示。

① Show grid：设置是否显示网络。

② Show page bound：设置是否显示纸张边界。

③ Show border：设置是否显示电路边界。

④ Sheet size：设置图纸的大小和方向。

其余的选项卡不再详细介绍。

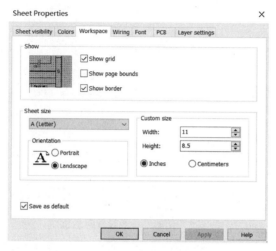

图 A.3　Sheet Properties 对话框 2

2. 取用元器件

取用元器件的方法有两种：从工具栏取用和从菜单取用。以 7400N 为例说明元器件的取用方法。从工具栏取用：选择 Place→Components→OK 菜单命令，打开如图 A.4 所示的 Select a Component（选择需要设置的元器件）窗口。双击所选择的元器件可以对该元器件参数进行相应的设置，如图 A.5 所示。

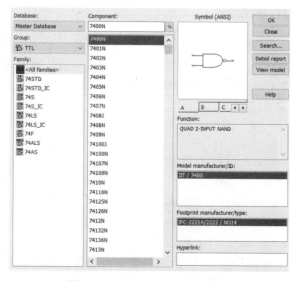

图 A.4　Select a Component 窗口

图 A.5　元器件参数设置对话框

在将元器件放置到电路编辑窗口中后，用户就可以进行移动、复制、粘贴等编辑工作了。

3. 将元器件连接成电路

在将电路需要的元器件放置到电路编辑窗口后，单击元器件的引脚，软件自动切换到连线功能，按住鼠标左键并拖动鼠标可以将元器件连接起来。在 Multisim 12.0 中，起点和终点不能悬空。

A.3　常用的虚拟仪器仪表

Multisim 12.0 提供了多种在电子线路分析中常用的仪器仪表，这些虚拟的仪器仪表的参数设置、使用方法、外观设计与实验室中的真实仪器仪表一致。在 Multisim 12.0 中，选择 Simulate→Instruments 菜单命令后或通过虚拟仪器工具栏便可以使用它们。下面介绍常见的几种虚拟仪器仪表的使用方法。

1. 数字万用表

数字万用表（Multimeter）可以用来测量交流电压（电流）、电阻及电路中两个节点间的分贝损耗。其量程可以自动调整。

选择 Simulate→Instruments→Multimeter 菜单命令后，有一个万用表虚影跟随光标移动在电路编辑窗口的相应位置，单击鼠标，完成虚拟仪器的放置，得到如图 A.6（a）所示的图标。

双击该图标，便可得如图 A.6（b）所示的数字万用表参数设置对话框。各个按钮的功能如下：A——测量电流；V——测量电压；Ω——测量电阻；dB——分贝显示；～——

测量对象为交流参数；——测量对象为直流参数；——正极；——负极。

（a）数字万用表图标　　　　　　（b）数字万用表参数设置对话框

图 A.6　数字万用表

2. 函数信号发生器

函数信号发生器（Function Generator）是用来提供正弦波、三角波和方波的电压源。选择 Simulate→Instruments→Function Generator 菜单命令，得到如图 A.7（a）所示的函数信号发生器图标。双击该图标，便可以得到如图 A.7（b）所示的函数信号发生器参数设置对话框。

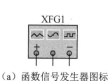

（a）函数信号发生器图标　　　　　　（b）函数信号发生器参数设置对话框

图 A.7　函数信号发生器

3. 双通道示波器

双通道示波器主要用来显示被测信号的波形，还可以用来测量被测信号的频率和周期等参数。

选择 Simulate→Instruments→Oscilloscope 菜单命令，得到如图 A.8（a）所示的图标，双击该图标，便可以得到如图 A.8（b）所示的双通道示波器参数设置对话框，其中 Timebase 为时基设置，Channel 为通道设置，Trigger 为触发设置。

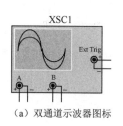

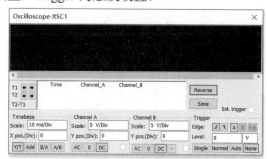

（a）双通道示波器图标　　　　　　（b）双通道示波器参数设置对话框

图 A.8　双通道示波器

4. 四通道示波器

四通道示波器主要用来观察四路信号波形，其用法和双通道示波器用法相似，特别适用于比较和观察多路信号。

为了方便对示波器的使用进行说明，先建立如图 A.9 所示的四通道示波器测量信号简单仿真电路。用四通道示波器 XSC1 观察函数信号发生器 XFG1 输出的频率为 10 kHz、幅度为 1 V 的正弦波电压信号。当设置好函数信号发生器的输出后，单击窗口右上角的电源开关按钮或选择 Simulate→Run 菜单命令，电路仿真开始，双击示波器图标，得到如图 A.10 所示的四通道示波器参数设置对话框，并按功能分为显示区、垂直控制区、水平控制区、触发区和顶部控制区，5 个单选按钮主要用于测量过程中的一些参数设置和选择。时基设置、通道设置和触发设置与双通道示波器相同。 按钮是用来选择对 A、B、C、D 中哪个通道的信号的坐标进行参数设置。图 A.10 显示函数信号发生器的输出信号，设置合适的时基参数（100 μs/Div），A 通道的参数（1 V/Div），观察所测信号波形。在显示区，所测信号的振幅（最大值）为一格，即大小为 1 V，两个时间指针分别位于相邻两个波形的峰值处，则其时间差就是一个周期 T， $T = T_1 - T_2 = 98.616\,\mu s$ ，频率 $f = 1/T \approx 1\,kHz$ 。除了测量这些基本参数，还可以测量其他参数，可根据实验的需要来选择参数的设置和测量。具体电路的分析方法可参考附录 B 中的高频电路的仿真。

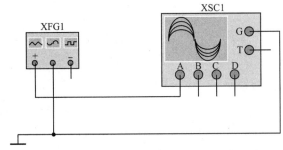

图 A.9　四通道示波器测量信号简单仿真电路

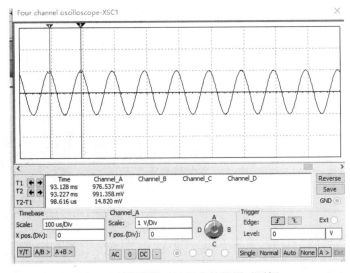

图 A.10　四通道示波器参数设置对话框

附录 B　实验仿真实例

仿真电路 B.1　小信号调谐放大器仿真电路

1. 建立仿真电路

建立小信号调谐放大器仿真电路，该仿真电路如图 B.1 所示。

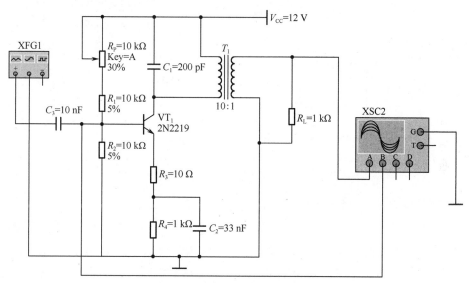

图 B.1　小信号调谐放大器仿真电路

2. 观测输入信号波形、输出信号波形

小信号调谐放大器输入信号波形、输出信号波形如图 B.2 所示。图 B.2 中，上面波形为输入信号波形，下面波形为输出信号波形，信号进行了放大，且输入信号与输出信号相位相反，满足共射放大电路的特点。根据输入信号、输出信号的大小可求出小信号调谐放大器的放大倍数。改变输入信号的频率，观察输出信号，同时也可测出输出信号大小的数据并记录，得到小信号调谐放大器输出电压的幅频特性。

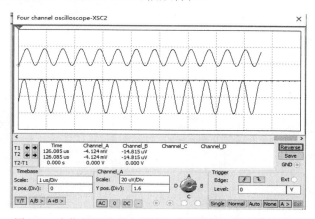

图 B.2　小信号调谐放大器输入信号波形、输出信号波形

仿真电路 B.2 丙类调谐功率放大器仿真电路

1. 建立仿真电路

建立如图 B.3 所示的丙类调谐功率放大器仿真电路。电阻 R_1 用来观察集电极脉冲电流，电阻 R_2 是用来调节 LC 回路的等效电阻。

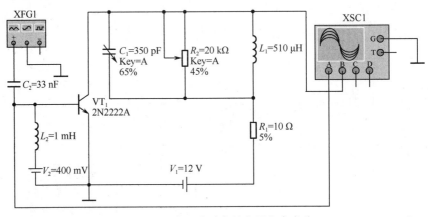

图 B.3 丙类调谐功率放大器仿真电路

2. 丙类调谐功率放大器的调谐和调整

调节信号发生器，使输入信号 $f_i = 465\text{ kHz}$、$U_{im} = 290\text{ mV}$，用示波器观察集电极和 R_1 上的电压波形，调节负载回路中的可变电容 C_1，得到如图 B.4 所示的波形（其中 A 通道为集电极电压波形，通道 B 为 R_1 上的电压波形）。由图 B.4 可知，丙类调谐功率放大器工作在过压状态，虽然三极管集电极电流为凹陷余弦脉冲，但输出电压仍为余弦信号。微调 C_1 使集电极电流在 R_1 上产生的电压波形为接近对称的凹陷脉冲，即丙类调谐功率放大器工作在谐振状态。由图 B.4 可知，集电极输出电压（$U_{om} = 11.8\text{ V}$）接近于直流电源电压，三极管因 U_{om} 过大而进入饱和区。

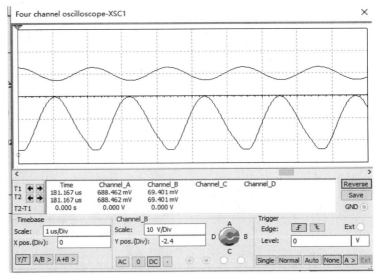

图 B.4 丙类调谐功率放大器输出信号波形

仿真电路 B.3　LC 振荡器仿真电路

1. 建立仿真电路

建立变压器耦合 LC 振荡器仿真电路，如图 B.5 所示。

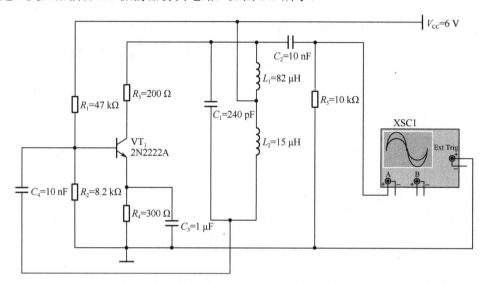

图 B.5　变压器耦合 LC 振荡器仿真电路

2. 观测输出信号波形

LC 振荡器输出信号波形如图 B.6 所示，通过示波器测出振荡频率 $f_o \approx 1\,\text{MHz}$ 。

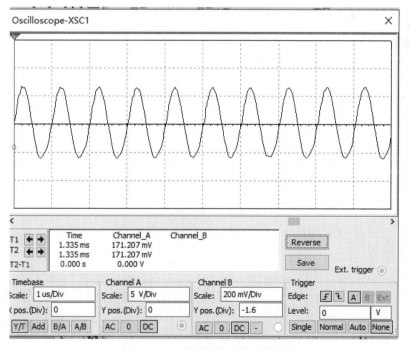

图 B.6　LC 振荡器输出信号波形

仿真电路 B.4 集成模拟乘法器振幅调制实验仿真电路

1. 建立仿真电路

集成模拟乘法器振幅调制实验仿真电路如图 B.7 所示。

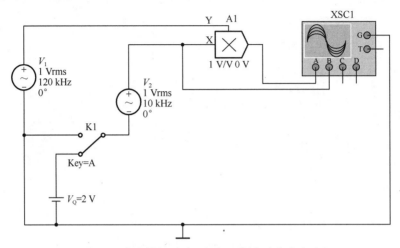

图 B.7 集成模拟乘法器振幅调制实验仿真电路

2. 观测 AM 波形

在如图 B.7 所示的电路中，将开关 K1 置到与 V_Q 相连，此时，该实验电路就是 AM 电路，仿真结果如图 B.8 所示。AM 信号的振幅包络的变化规律与调制信号完全相同，但没有改变载波的频率。

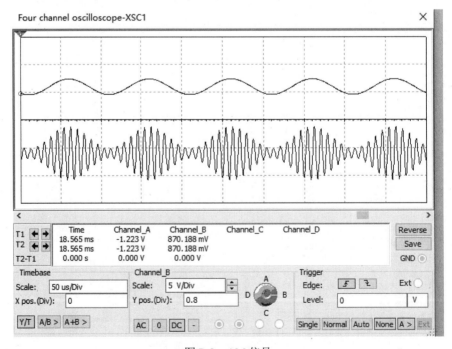

图 B.8 AM 信号

3. 观测 DSB 波形

将图 B.7 中的振幅调制电路的开关接地，此时，该实验电路就是 DSB 电路，输出 DSB 波形。在调制信号的正半周，DSB 信号的振幅包络的变化规律与调制信号相同，在调制信号负半周，DSB 信号的振幅包络的变化规律与调制信号相位反相，如图 B.9 所示。

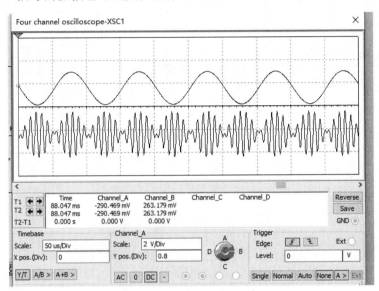

图 B.9 DSB 信号

仿真电路 B.5 乘积型同步检波器仿真电路

1. 建立仿真电路

乘积型同步检波器仿真电路如图 B.10 所示，输入信号是由乘法器调幅电路产生的 DSB 信号，同步检波器中还需要一个同步参考信号，其与载波信号同频同相，该仿真电路中的同步参考信号取自载波信号。

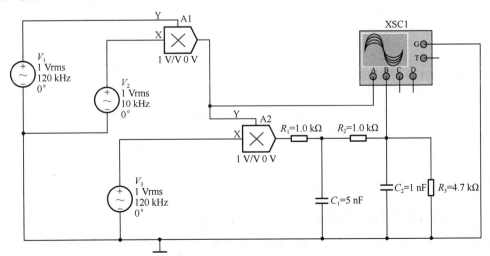

图 B.10 乘积型同步检波器仿真电路

2. 观察输入信号波形、输出信号波形

同步检波器输入信号与输出信号波形图如图 B.11 所示。

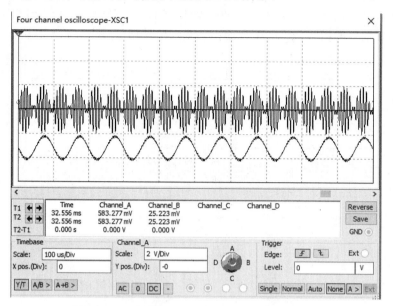

图 B.11　同步检波器输入信号和输出信号波形图

仿真电路 B.6　二极管包络检波器仿真电路

1. 建立仿真电路

二极管包络检波器仿真电路如图 B.12 所示。

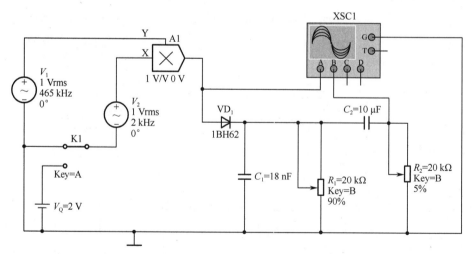

图 B.12　二极管包络检波器仿真电路

2. 观测输入信号波形、输出信号波形

在如图 B.12 所示的电路中，AM 信号由乘法器调制电路产生，作为二极管包络检波器的输入信号。

1）不失真的检波

二极管包络检波器的输入信号波形、输出信号波形如图 B.13 所示。

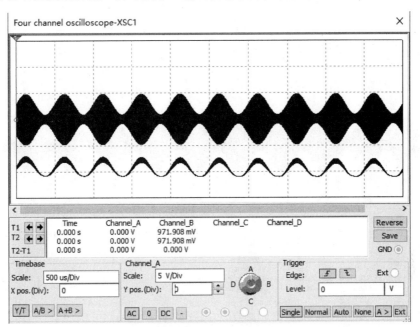

图 B.13 二极管包络检波器的输入信号波形、输出信号波形

2）对角线切割失真

在如图 B.12 所示的电路中，调节电阻 R_1，使其阻值增大，观察对角线切割失真波形，其波形如图 B.14 所示。

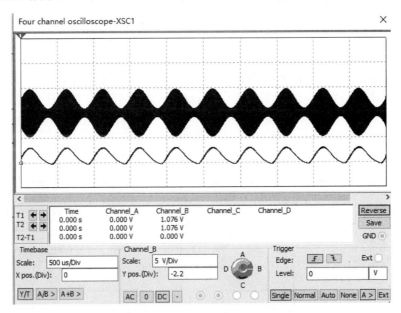

图 B.14 对角线切割失真波形

3）底部切割失真

在如图 B.12 所示的电路中，调节电阻 R_2，使其阻值增大，观察底部切割失真波形，其波形如图 B.15 所示。

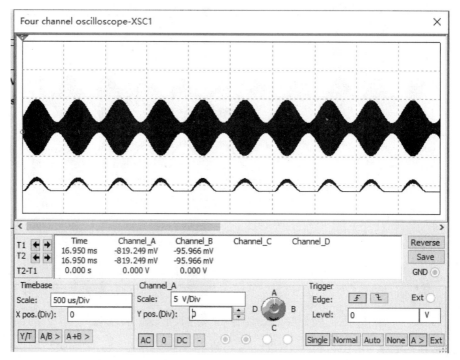

图 B.15　底部切割失真波形

仿真电路 B.7　单失谐回路斜率鉴频器仿真电路

1. 建立仿真电路

建立单失谐回路斜率鉴频器仿真电路，该仿真电路如图 B.16 所示。FM 信号为调频信号源，LC 并联谐振回路调谐在调频信号中心频率之上，利用 LC 并联谐振回路幅频特性曲线的失谐上升的特性，实现频幅转换，R_1 用于将低内阻的电压源变成高内阻的电流源，调节 R_1 可改变 LC 并联谐振回路幅频特性曲线的线性度。二极管与 RC 低通滤波器构成包络检波器电路。

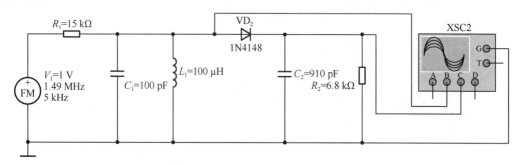

图 B.16　单失谐回路斜率鉴频器仿真电路

2. 观测输入信号波形、输出信号波形

鉴频电路输入信号波形、输出信号波形如图 B.17 所示，图中上面的信号波形是 LC 并联谐振回路的失谐特性将 FM 信号转换成调频调幅信号的波形，下面的信号波形是经过二极管包络检波器解调出来的调制信号波形。

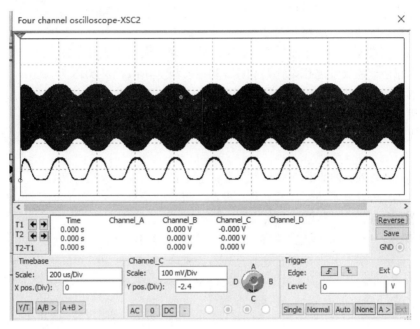

图 B.17　鉴频电路输入信号波形、输出信号波形

参 考 文 献

[1] 余红娟. 电子技术基本技能. 北京：人民邮电出版社，2009.

[2] 曾兴雯. 高频电子线路（第 2 版）. 北京：高等教育出版社，2009.

[3] 刘旭，赵红利. 高频电子技术. 北京：北京理工大学出版社，2011.

[4] 铃木雅臣. 高低频电路设计与制作. 北京：科学出版社，2013.

[5] 高吉祥. 电子技术基础实验与课程设计（第 2 版）. 北京：电子工业出版社，2005.

[6] 周福平. 电子技能实验与实训教程. 北京：科学出版社，2011.

[7] 陈光明，施金鸿，桂金莲. 电子技术课程设计与综合实训. 北京：北京航空航天大学出版社，2007.

[8] 鲍景富. 高频电路设计与制作. 北京：电子科技大学出版社，2012.

[9] 曾兴雯. 高频电子线路简明教程. 西安：西安电子科技大学出版社，2016.

[10] 高吉祥. 高频电子线路设计. 北京：高等教育出版社，2013.

[11] 黄翠翠，叶磊. 高频电子线路. 北京：邮电大学出版社，2009.

反侵权盗版声明

电子工业出版社依法对本作品享有专有出版权。任何未经权利人书面许可,复制、销售或通过信息网络传播本作品的行为,歪曲、篡改、剽窃本作品的行为,均违反《中华人民共和国著作权法》,其行为人应承担相应的民事责任和行政责任,构成犯罪的,将被依法追究刑事责任。

为了维护市场秩序,保护权利人的合法权益,我社将依法查处和打击侵权盗版的单位和个人。欢迎社会各界人士积极举报侵权盗版行为,本社将奖励举报有功人员,并保证举报人的信息不被泄露。

举报电话:(010)88254396;(010)88258888

传　　真:(010)88254397

E-mail:　　dbqq@phei.com.cn

通信地址:北京市海淀区万寿路 173 信箱
　　　　　电子工业出版社总编办公室

邮　　编:100036